珠宝专业

职业院校教材

ZHUBAO ZHUANYE ZHIYE YUANXIAO JIAOCAI

YUDIAO SHEJI YU JIAGONG GONGYI

玉雕设计与加工工艺

华国津　张代明　编著

徐原顺　段登涛　黄岸峰　参编

胡鹤麟　主审

云南科技出版社

·昆　明·

图书在版编目（CIP）数据

玉雕设计与加工工艺 / 华国津等编著. —昆明：云南科技出版社，2011.9（2024 . 1重印）
高职高专教材
ISBN 978-7-5416-4855-7

Ⅰ. ① 玉… Ⅱ. ①华…②徐…③段… Ⅲ. ①玉器—造型设计—高等职业教育—教材②玉器—加工—高等职业教育—教材 Ⅳ. ①TS932.1

中国版本图书馆CIP数据核字（2011）第184460号

责任编辑： 唐坤红
李凌雁
洪丽春
封面设计： 晓 晴
责任校对： 叶水金
责任印刷： 翟 苑

云南科技出版社出版发行
（昆明市环城西路609号云南新闻出版大楼 邮政编码：650034）
云南灵彩印务包装有限公司印刷 全国新华书店经销
开本：787mm × 1092mm 1/16 印张：11 字数：250千字
2011年9月第1版 2024年1月第24次印刷
定价：38.00元

云南省珠宝专业职业院校教材

编 委 会

序

云南科技出版社牵头组织了云南省珠宝玉石界的专家学者，与云南省大中专院校珠宝专业的教师们一起，结合云南珠宝产业，计划编写一套适合大中专珠宝职业教育的系列教材，有三十多本，包括了珠宝鉴定、首饰设计、首饰制作、珠宝首饰营销、玉雕工艺等各个方面。

云南是我国珠宝资源相对丰富的地域，发现有红宝石、祖母绿、碧玺、海蓝宝石、黄龙玉等宝石矿产，又毗邻缅甸接近世界最大的翡翠、红宝石的矿产资源，不可不谓之得天独厚。改革开放以来，云南也成为我国珠宝产业高速发展的省份。近年云南省又提出发展石产业，把以宝玉石、观赏石、建筑石材料为主的石产业打造成继烟草、旅游、生物等产业之后的又一支柱产业和优势特色产业。

产业的发展需要大量的人才，尤其珠宝产业的各个领域和层次都需要懂得珠宝知识、具有珠宝文化、掌握专业技术的专业人才，目前，我国的珠宝行业还比较缺乏这样的人才。这套教材的编写出版，为云南培养适用性珠宝专业人才提供了必要的条件，才能缩小在这方面与国内外的差距。

由于经常到云南作学术交流、教学和科研合作，与云南大专院校的教师接触多，与云南的珠宝企业也接触较多，再加自己也长期从事珠宝专业教学，了解珠宝产业对适用型人才的渴求，故对这套教材的出版也抱有很大期望，期望这套教材图文并茂、易学易懂、针对性好、适用性强，成为培养珠宝鉴定营销师、首饰设计加工工艺师、玉雕工艺师等专业人才的系统教材，达到适应云南珠宝产业发展的初衷。

在这样一个历史的大背景下，看到这套教材的出版，作为一个从事珠宝教育与研究的工作者甚感欣慰。

中国地质大学（武汉）珠宝学院前院长
博士研究生导师 袁心强

前　言

从古到今，玉石雕刻技艺都是采用师传徒承的模式、口传身教的方法流传下来的，关于玉石雕刻的专门论著非常少。多年来，业界一直盼望能有一本有一定理论价值，重在实际雕刻技能讲解，既可以作教材也可供玉雕工作者参考的玉雕专门教科书。

本书是在多名云南玉雕大师和学者们从事玉雕创作、研究和教学的基础上，汇聚了大师们的创作实践经验和感受，再经过从事珠宝教育多年的专家、学者精心撰写、整理而成的一本玉雕专著。本书遵循以培养初步掌握玉雕基本技能专门人才为目标，以传授玉雕基本技能为中心，以培养玉雕基本技艺为手段，以突出动手能力为目的的成书体系。

全书分为两篇，共十章：玉雕设备篇和玉雕工艺篇。玉雕设备篇介绍了玉雕常用切、磨、鉴等基本工艺过程，讲授了常用设备、工具的结构和使用。玉雕工艺篇以玉雕题材为顺序，分别讲述了人物、动物、花卉、器皿的雕刻技艺。各篇自成体系，可以按章节进行教学，也可根据需要灵活选择教学内容和教学进程。本书可作为教材，也是一本有相当价值的玉雕参考书。

全书是在云南省工艺美术大师华国津主持下完成的，由张代明、华国津组织编写。华国津任总撰稿并担任第二篇主编，张代明任第一篇主编，全书由张代明统稿。徐原顺参与了第二篇的编写，并承担了全书习题的编写工作。段登涛参与了第一篇的编写和部分文稿整理工作，黄岸峰参与了玉雕设备资料收集和文稿整理工作。完稿后全书由云南省玉雕专业委员会主任，亚洲珠宝工艺美术大师胡鹤麟审稿，并提出很有价值的意见和建议。本书还参考了有关的教材和书籍，并利用互联网收集了相关资料。

在本书的编写过程中，得到云南省轻纺工业协会、云南科技信息职业学院、云南芒市职业教育中心、云南省珠宝玉石文化促进会、云南省工艺美术行业协会、云南黄龙玉协会、云南省珠宝玉石首饰行业协会、云南芒市珠宝商会的大力支持，在此向他们表示由衷的感谢。

由于玉雕教材编写的难度很大，可供参考的文献极少，加之时间仓促，编者水平有限，不当和疏漏之处在所难免，敬请读者批评、指正。

目 录

第一篇 玉雕常用设备、工具与辅料

概 述

虽然玉雕是一门手工性很强的特殊技艺，但又和其他工艺美术门类一样，是艺术与科学技术相结合的产物。玉雕常用设备、工具与辅料是玉雕艺人进行艺术创作的物质手段，其发展状况标志着玉雕艺术与当代科技结合的程度。科学技术的进步促进了玉雕技艺的发展，而玉雕技艺的发展又必然对玉雕设备、工具提出更新、更高的要求。当然，评价某种设备、工具的优劣并不在于其结构的繁简，而在于其使用性能是否卓越，工艺质量是否有保证，生产效率是否有明显的提高。

自 1958 年起，我国玉雕行业已广泛使用了各种电动的专用设备和钻石粉磨头，告别了靠脚蹬踏来驱转铊片旋转的传统设备——水凳。但就目前的情况而论，我国玉雕行业所使用的设备、工具还是相当落后的，需要改进的地方很多。例如，玉石圆珠打孔，许多地区还沿用砂钻。这种打孔设备不仅效率低、成品率低、打孔质量差，而且还有高达 150 分贝以上的噪音，严重地影响着工人的身心健康。又如，国外生产玉石圆珠，已广泛使用成套的专用设备，能生产出规格一致的各种玉石圆珠。而我们许多厂家还沿用非常落后的制作工艺，费时费力、质量还没有保证。又如，雕刻机是我国改进较快的设备，但目前最好的机型还是采用可控硅直流调速电路，使用性能虽不错，但维修费用过高，因为直流电机的使用寿命只有 2000 小时。如采用小功率交流调速电路，就可以使用价格便宜的交流电机，降低投资费用和维修费用。因此，我国的玉雕设备工具尚有待于不断地改进和提高。

由于玉雕工艺品的制作方法很多，所使用的设备也是多种多样的，很难进行全面系统地介绍。所谓“玉雕”，严格说来其实是“琢磨”。古语就有“玉不琢不成器”，可见雕刻进程实质是琢磨过程。所以尽管玉雕设备五花八门、多种多样，从设备对玉石所进行的作业方式来说，不外乎是锯割、轮磨、擦磨、砂磨、抛光、钻孔等六种方式。玉雕专用设备的种类虽然很多，但也是为了实现上述六种基本作业方式中的一种或数种。如开料机，是实现锯割作业的主要设备。雕刻机，是能实现锯割、轮磨、擦磨三种作业方式的专用设备。因此，按照玉雕的作业方式来介绍设备，将有助于人们对玉雕设备的认识和把握。

研究玉雕常用设备、工具与辅料，其意义不仅仅在于正确操作、应用，而且还有利开阔思想，研制出更有实用价值的设备、工具与辅料。

第一章　毛料切割设备

第一节　锯割工艺原理与过程

锯割，是玉雕工艺中最主要的作业方式之一。将大块的玉石割成若干块待用，要用锯割；将形状不规则的玉石材料初步加工成一定的造型，也要使用锯割。古代称玉雕为“琢玉”，“琢”就是切割，也是认为锯割作业是玉雕工艺最主要的作业方式。

一、玉石毛料锯割作业原理

应当说，锯割对于玉石加工来说，只是一种习惯说法。因为无论是古代的泥砂锯，还是现代的金刚石锯片，都是没有锯齿的——没有像木工锯那样锋利的锯齿，甚至连锋利的刃口都没有。原因是硬度很高的玉石材料，根本不可能用金属锯片锯开。

玉雕工艺中的锯割，其实是靠磨料对玉石材料的磨削作用，来达到锯割玉石材料的。历代玉雕艺人借助于不断旋转的金属铊片，带动高硬度的磨料，通过磨料对玉石材料的不断磨削，在玉石材料上磨出一条略宽于铊片的沟糟；持续不断的磨削，使沟糟不断地加深、加长，直至将玉石材料一分为二。现代广泛使用的金刚砂锯片，也是利用锯片上的镀上一层金刚砂对玉石材料的不断磨削，才将玉石材料一分为二的。所以，玉雕中的锯割的作业，实际上还是离不开一个“磨”字。

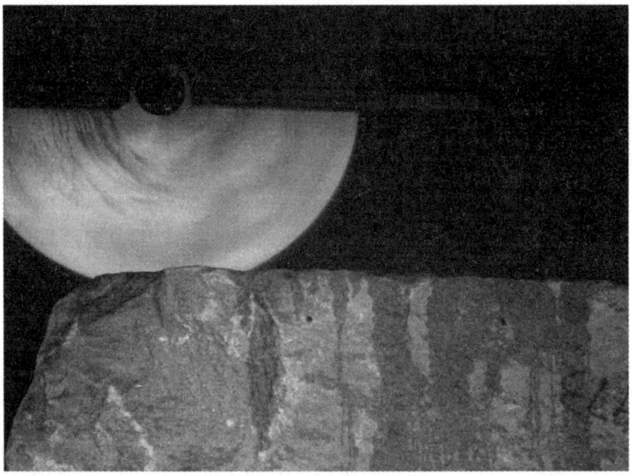

图 1－1　玉石切割的过程

二、玉石毛料切割工艺

1. 开石切片

指的是第一刀剖开石料。开石切片的基本方法有：

(1) 原始方法

用火烧水淬翡翠原石，使其炸成小块。缺点：难以控制炸裂点，破坏严重。后来改进成部分用火烧水淬。

(2) 拉丝（线锯）

用铁丝和金刚砂（SiC）做磨料，加水冷却，来回拉动解开玉石。优点：对石料不破坏，不浪费原料。缺点：效率低，劳动强度大，所需时间较长。

(3) 脚踏解料机

俗称“水榄”，明代开始使用。现在已被电动机械代替了，但在对高质量的翡翠或在无电的山区，还在使用。设备有圆形铁铊铜盘、一根转动轴、一条皮带或胶带，用脚踏带动转动轴，不断加水和金刚砂。

2. 切片备料

经过第一刀，对玉料的颜色、裂纹分布和水头等情况更清楚，开始切片准备。

三、开料的基本原则

经过细心的观察和判断之后，便要选定原石表面的一个方向剖开。若是具有裂纹，则第一刀主要是顺纹切。

(1) 对于色料要特别小心，以不能破坏绿色为原则。料开得好，利用得好，出货好，可以获得较大利润，经验在这里非常重要。

(2) 从最差的部位做起，在未获得经验之前，先从最差的部位开始，不会损失太大。

(3) 尽可能做大的成品。成品越大，越难得，价值越高。能做手镯，先做手镯，剩下的做小饰品。裂隙多的只能做花件或雕件。

(4) 两用的原则。花件与光身并进，能做光身的尽量做光身，不要一刀切死。

第二节　锯割设备的种类及用途

根据磨头的形状，人们把玉雕锯割设备分为圆盘锯、带锯、线割锯三类，其中使用最广泛的是圆盘锯。

一、圆盘锯

1. 圆盘锯类型及用途

圆盘锯的式样很多，但在结构上有许多相同的地方：横装主轴（即水平安装的主动轴）。使用薄口圆盘形铊片（即锯片，起磨头作用），铊片在垂直方向上作高速旋转，有水冷或油冷降温设施。

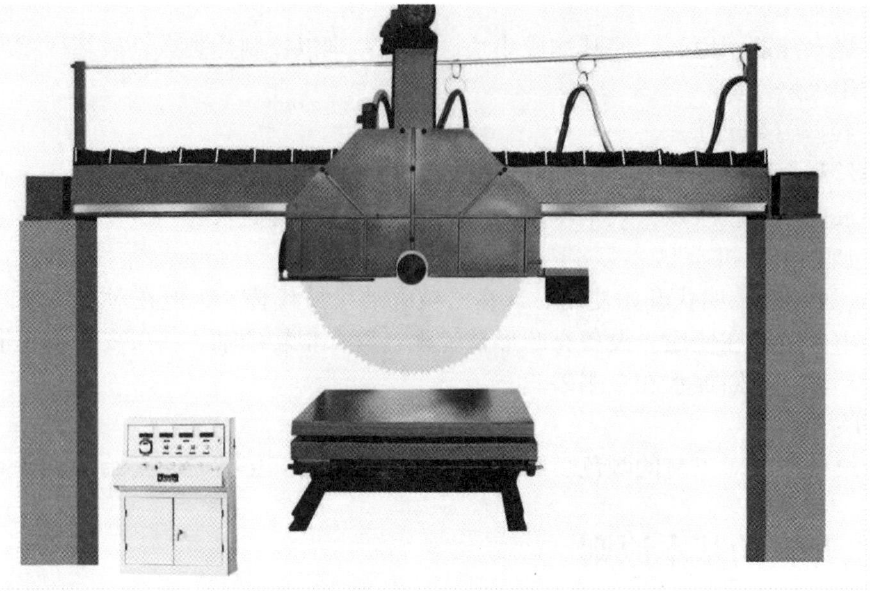

图 1－2　圆盘锯

2. 圆盘锯结构

（1）大型开料机　能安装 800～1200 毫米的铊片。机身采用动臂式结构。电动机功率较大，并与装铊片的横轴分别位于动臂支点的两侧。电动机与横装的主轴用皮带轮传动。一般无工作平台、无夹具。专门用于切割重量在 1000 千克以上的大块玉石材料（图 1－2）。

（2）中型切台　又叫中型开料机，能安装直径为 500～700 毫米的铊片。机身采用动臂式结构，此类切台结构比大开料机复杂，有纵向进给装置和夹具的工作平台，横轴则带有水平进给装置。电动机与横轴分别位于动臂支点的两侧，用皮带轮传动，并附带循环水冷系统（泵、水槽等）。这类切台用于切割重量在 1000 千克以下的大块玉石材料，主要功能是切割较厚的玉片。

另外，还有为切割玉片而设计的切台，在同一横轴上最多可装 6 片金刚石锯片，能同时切割出 6 片厚度相同的玉片。在结构上与中切台相同，只是横轴较长，在每两片金刚石锯片间加一个垫片，垫片厚度等于玉片厚度与锯口损耗量之和。

（3）小型切台　能安装直径为 300～400 毫米的金刚石锯片。结构特点与中型切台相同，只是形制较小些。主要用于将重量在 10～100 千克的玉料锯割成切片（见图 1－3 和图 1－4）。

（4）切条、切块机　能安装直径为 200～300 毫米的金刚石锯片。其特点不同于切台。其基本式样与横轴砂轮机相仿。工作平台位于横轴的上方，又兼是冷却水箱的盖板。平台上有可调整的制尺和防溅罩。金刚石锯片就在封闭的水箱中垂直旋转。是将玉石薄片切成条状和块状的专用设备。

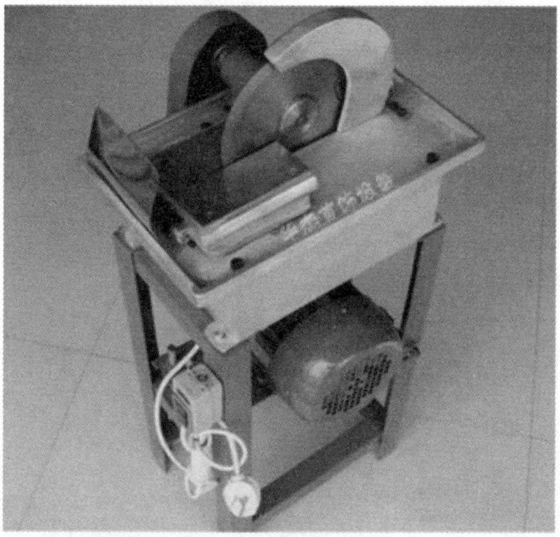

图 1－3　水切机

图 1－4　油切机

3. 圆盘安全锯操作规程

（1）切割物件前，先戴好手套、口罩、眼镜，避免飞溅物伤人。

（2）切割机在使用前必须检查能否正常使用（如电源线有无破损，切割片是否夹紧，有无破损等）。

（3）更换切割片时，先关掉电源，挂警示牌，切割片必须同心、紧固，以免脱落伤人。

（4）切割机必须在车间指定的房间使用，且不能正对易燃物和人切割。

（5）启动时，检查切割机运转方向是否正确。

（6）切割机在切割物件时，物件必须夹紧。

（7）切割物件时用力要平稳。运行时，如切割片损坏，须立即停止使用，更换完好的切割片再运行。

（8）切割完毕后，先关掉电源，待砂轮片停止转动时，再取物件，以免飞转的切割片伤人。

（9）严禁在切割片上砂磨物件。

（10）切割完毕后，必须把切割机整理好，并打扫切割场所清洁。

（11）工作场所应备有齐全可靠的消防器材。严禁在工作场所吸烟和有其他明火，并不得存放油、棉纱等易燃品。

（12）被锯石料厚度，以锯片能露出石料 10～20 毫米为限，夹持锯片的法兰盘的直径应为锯片直径的 1/4。

（13）如锯线走偏，应逐渐纠正，不得猛扳，以免损坏锯片。

（14）操作人员不得站在和面对与锯片旋转的离心力方向操作，手不得跨越锯片。

（15）作业后，切断电源，锁好闸箱，进行擦拭、润滑，清除木屑及刨花。

二、带　锯

1. 带锯用途

一般在翡翠切割的过程中带锯并不常用，只是用在大理石等硬度较低的石材切割中，只有金刚砂带锯有时会用来切割翡翠原石。

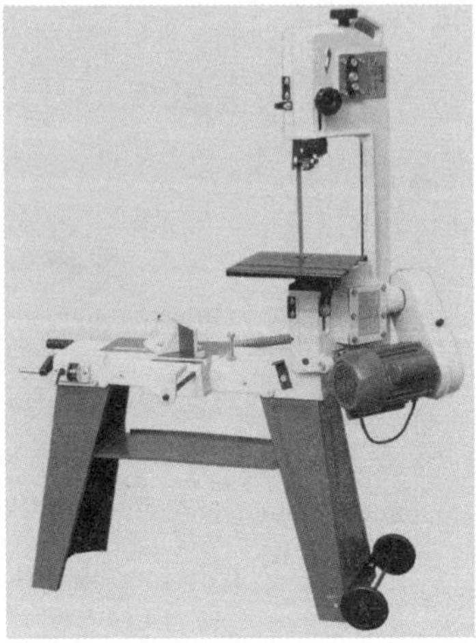

图 1－5　带　锯

2. 带锯结构与类型

带锯有两种不同的机型，使用两种形状不同的钢带。弓形锯其特点是锯片为长条形无齿钢带。切割时，锯片作往复式的平动。动力由电动机提供，通过偏心轮装置将转动变成平动，工作时必须随时添加磨料，因此，此类弓形锯多采用油冷却方式（图 1－5）。

环状带锯机器造型结构一如木工使用的带锯（图 1－6）。锯片由薄口钢带焊接成环状，套在两个滚轮的外侧，在两个滚轮的带动下，钢带作循环运动，工作时须随时补充磨料。油冷、水冷均可。

3. 带锯安全操作规程

（1）裂纹、缺齿或接头数超过规定的锯条不得使用。锯条应调整后试运转，待运行正常无串条现象时方可正式作业。

（2）石料上车前应调好方向。

（3）操作者应站在带锯两侧。

（4）进锯后不得调整尺寸，进锯速度应均匀，不得过猛。

（5）操作小带锯时，接送料要配合一致，手不得伸进台面，不得猛推猛拉。

（6）工作结束后及时做好清洁保养工作。

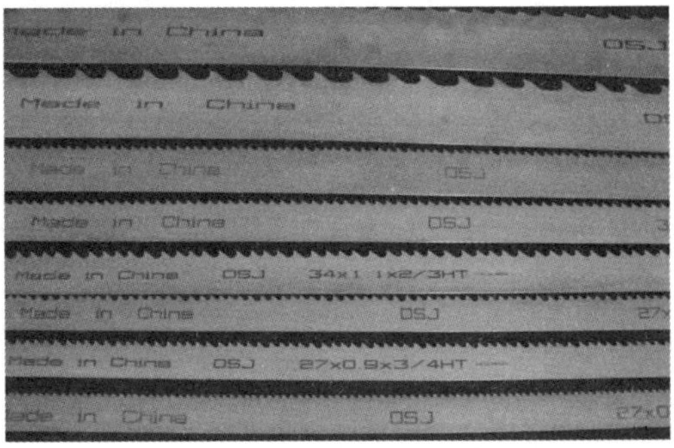

图 1－6　带锯条

三、线　锯

1. 线锯用途

线锯可用开料，但主要用于镂空花纹，一般在切割中不常用（图 1－7）。

2. 线锯结构

线锯，是指采用金属丝为锯条。金属丝虽可单股使用，但以三股拧在一起较好用，因为各股间的缝隙可以带动较多的磨料，可提高锯割速度。在锯割时，

图 1－7　线　锯

金属丝装在锯弓上，锯弓在偏心轮及往复式推杆的带动下作往复式运动。更小型的线锯，就是手工使用的搜弓子。

3. **线锯安全操作规程**

（1）操作前要检查锯条是否已经在正确的位置上被紧固。

（2）不得用手去触摸正在运行的锯条。

（3）不要在放下工具时还让它继续运转，只有在用手保持时方可进行操作。

（4）不要在工作结束后马上触摸锯条。

（5）工具电源线的插头不得任意拆除或调换。

（6）在必要时操作者应戴绝缘手套，穿绝缘鞋。

四、三种锯型的比较

1. **使用性能方面**

圆盘锯，分大型、中型和小型开料机，人造金刚石锯片最大直径1200毫米，小的锯片直径200～300毫米。大型开料机多采用800～1200毫米的锯片，可以切割1000千克的玉料，中型开料机锯片直径500～700毫米，可以切割1000千克以下的玉料，多用来切割较厚的片材。小型机器锯片多在300～400毫米，主要切割10～100千克的玉料。还有锯片更小的切割机器，用于切割更细的片材或条块，使用方便，玉料锯口表面光洁、平坦，锯割速度快，锯口耗料较大。锯料时锯片必须要用水或油冷却。

带锯，使用上亦方便，唯玉料锯口质量较差，常带有波状起伏，钢带愈窄，波状起伏愈大，锯割速度略低于圆盘锯。锯口耗料较小。分弓形锯和环带锯，前者就像手持钢锯一样，用电力带动往复运动锯料，有金刚石锯片和无齿锯片两种类型，无齿锯片由要不断添加磨粉。后者是由两个四轮带动一环形锯片循环好料，目前带锯应用较少。

图1－8 线锯锯条

线锯，采用金属丝作锯条，没有金刚石粉，锯割时要添加磨料（图1－8）。主要用于随性雕琢。为了加快锯割速度往往采用三股钢丝作锯条，这样可以带上更多的磨粉。线锯可以用电机带动，小型玉件锯割时也可以用手操作。主要用于曲线切割。在套料时使用有着前两种锯无法相比的优点。镂空花纹更是线锯的特长。

复习思考题

1. 割锯玉石的工艺原理是什么？
2. 切割类设备有哪些？各有什么用途？
3. 割锯类设备在操作时要注意哪些安全问题？

第二章 雕刻作业及设备

雕刻专用设备是专门为制作玉雕摆件设计的，通过更换工具（磨头）的方法，使一个设备能进行锯割、轮磨、擦磨、砂磨、抛光等作业方式。因此，对于雕刻专用设备来说，基本的要求就是更换工具方便，并能调整转速以适应不同的作业要求。

第一节 雕刻作业

一、雕刻的定义

古代制玉技法，源于制作石器。切、磋、琢、磨是加工玉器所用的工艺程序。切，即解料，解玉要用无齿的铁线或圆盘加解玉沙，将玉石分开。磋，是用圆锯加砂浆修治。琢，是用钻、锥等工具加沙雕琢花纹及钻孔。磨，指最后一道工序。在古代用木片，葫芦皮、牛皮等加各种粗细不同的砂浆，研磨需要抛光的玉石，使之光亮。这套工艺在我国商代已为工匠掌握，现今的玉雕仍沿用切、磋、琢、磨四种方法，历史上曾称琢玉、碾玉，今称雕刻。

切、磋、琢、磨工艺是玉雕工艺技术的主要环节，是为了出造型。切即切开，即将造型中余料切除。切除余料的几种不同手法叫铡、标、扣、划。铡即切，与锯同义，标是铡除棱角，扣是挖取，划是铡和扣的混合使用，铡、标、扣、划用铡铊、錾铊。

当不能再用切割的方法出造型时，换用研磨的工具，用研磨的办法出造型。研磨也是去除余料，有冲和轧的不同手法。冲是指大面积的冲磨，轧是指推进的碾轧，冲和轧是磨的主要工序。产品经过铡、标、扣、划和冲轧后，基本造型已经完成，为了清晰细部，还要进行勾、撤、掖、顶撞等几种小工具的操作。勾是勾线；撤是顺勾线去除小余料；掖是把勾撤后的底部清晰清楚，达到角、线利落。顶撞是把地纹平整。除此外，还有叠挖、翻卷等不同工艺，把花瓣、衣边做得飘洒。

二、玉石雕刻的基本工艺过程

玉器雕琢主要包括选料、剥皮、设计、粗雕、细雕、修整和抛光等工序。

1. 选料、剥皮

玉器雕琢有时是根据买主的要求来选择玉料和确定题材的，比如买者提出要订做中档的翡翠玉质的观音佛像，同时要求佛像手持玉净瓶呈站立姿势，佛像高度在150mm

左右，当然价钱要协商好。玉雕作坊就必须根据买者要求选择合适的翡翠玉料。将设计图案与买者商量，双方同意后就可以加工了。当然大多数情况下是根据玉料来设计，即所谓的“因材施艺”。

玉料尤其是经过河水磨蚀过的砾石玉料，往往表面都有一层氧化层，比如翡翠表面常常为黑色、黄色、红色等包裹，里面是否有绿色？绺裂和纹理如何延伸？雕琢前需要有所了解，这样才可能做好玉雕设计。当然玉石好的表皮，不能随意剥去，有时可以利用玉石表面不同的颜色进行设计，雕琢好了可成为玉器的俏色，提高玉器的价值。

2. 设　计

玉器设计是雕琢玉器的关键。一般说来，设计者往往是根据玉料的颜色、块度、纹理和形状来设计雕琢题材，选择适合玉料特征的题材，首先要最大限度地利用玉料，根据块度和玉料外形设计，不能浪费玉料，利用好颜色，使其产生最佳效果。尽量摒弃玉件上绺裂瑕疵，要做到“挖脏去绺”、“保色保形”。

玉雕设计者可能就是执行设计的雕琢人，有时玉雕设计者和雕琢者为下同的两个人，这就需要执行雕琢的人要领会设计者的思想，同时应具备必需的技术要求，有能力把握雕琢玉件题材的特征，并对玉雕题材有所了解，尽量熟悉有关背景材料。这样才可能真正理解设计，雕琢出设计者所期待的玉器。最初玉雕设计图案可以画在纸上，也可以直接画在拟雕琢的玉料上。大型贵重的玉料雕琢，必须先画在纸上反复斟酌酝酿，设计完美后再落在干料上，雕琢者根据题材图案的线条进行加工。小件玉器加工可直接在料上勾样。雕琢过程中要摒弃玉料内部出现的断裂，要充分利用其内部的颜色，这就需要不断地修改玉雕设计，要多次在雕琢的玉件上描图。当然原定主要的玉雕题材通常是不能改变的，只能调整有关局部内容，适当减少或增加部分雕琢内容逐层勾画。

3. 粗雕（出胚）

玉件勾好样后就可以粗雕了，粗雕也可称为做胚，即按照设计要求将玉料雕琢成形，初步达到设计玉雕的基本造型。粗雕非常重要，这一工序是整个玉雕是否成功的基础。为此玉雕行业在粗雕阶段就总结出许多经验，其中“见面留棱”、“先方后圆”、“打虚留实”、“留料备漏”、“先浅后深”等，但最重要的是处处留有余地，勿自断后路。

4. 细雕与修整

细雕，顾名思义就是仔细雕琢之意。粗雕出玉件轮廓后必须经过细雕，才能完成玉件雕琢的全部工序。细雕的目的就是对玉雕造型进一步精细勘划，使表现的花鸟鱼虫、人物山水、飞禽走兽等从模糊的轮廓状态进入精确塑造真实、逼真、有动感、有表情的细微雕琢的过程。一般錾铊粗雕多采用钻孔、勾铊自购和轧铊等切磨工具，细雕则需要轧铊、钩铊、钉铊、膛铊和各种形状精细的磨削工具。

5. 抛　光

抛光是玉雕中非常重要而不可替代的工序。无论你如何精雕细磨，玉件表面始终都是粗糙的，显示不出玉石晶莹剔透的美丽，只有完美的抛光才能使玉石表现出温润光洁的外表，才能使玉器具有高贵的气质，才能展现玉器的真实价值。

抛光是一种精细打磨玉石操作，玉器的抛光分两个步骤，先需要用不同粗细的研磨砂，由粗到细，逐次打磨玉件的各个部分。去除雕琢过程中的各种工具痕迹，使其光滑，而折光率基本一致。再用相对较细的刚玉粉或金刚石粉，以皮轮或毡轮作载体，进行高速研磨抛光，使玉件闪亮耀眼，达到抛光的目的（机器抛光则方法又有不同）。使玉件表面原有的磨痕逐渐消失，最后达到光亮的过程。

在一个完整的玉石饰品或者雕件的制作过程中还用到了很多种工艺，如打孔工艺、镂空工艺、活环链工艺等，这些工艺有的是跟随琢磨工艺一起进行的，有的由制作人自己完成，有的由专人完成。

第二节　雕刻设备

一、横轴式雕刻机

也称为玉雕横机，常见的有两类：小型玉雕机和高速玉雕机。两者的基本结构类似，都是由机架、主电机、传动系统、工作主轴构成，其工作主轴都为横式。主要差别是：小型玉雕机（图2－1）的主轴一般都不可调速，高速玉雕机是一种可无级调速的大功率的玉雕机（图2－2）。高速玉雕机是一种被应用得比较广泛的玉雕机器，由于其功率大且可无级调速所以可使用各种规格的磨头，有很强的扩展性。高速玉雕机适用于加工各类玉器、珠宝、玛瑙、象牙、玻璃、贝壳、大理石等雕刻工艺品。

图2－1　横　机

图2－2　高速玉雕机

横式玉雕机的轴承是固定的，工作主轴的高度不能调整，所以只能对小块的石料进行雕刻加工，灵活性差，很难完成对珠宝玉石的精细雕刻加工。

横式玉雕机基本结构如下：

1. **工作主轴**

采用横装，固定在机身的右侧。轴头处（左侧）有螺丝扣或卡口，可直接固定工具或接长横轴。较好的机种可上下升降，主轴的同心度较好，误差一般近端不超过0.3mm，远端不宜超过1.5mm。

2. **动力系统**

一般都是由电动机通过皮带轮带动主轴，小型玉雕机一般采用300～400瓦交流电机。现代的高速玉雕机多采用可控硅无极调速系统，电机功率为1～1.2千瓦。

3. **转　速**

小型玉雕机工作主轴额定转速为3000～5000转/分，速度可以通过皮带轮做少量调整。高速玉雕机的理论调速范围为0～20000转/分，但是在极端低速和高速下，主电机的工作效率较低，更重要的是很容易烧坏可控硅调速装置。所以，高速玉雕机的工作范围在2000～8000转/分为佳。

4. **冷却和照明系统**

机身带有供水箱或悬挂式水桶，工作台下方有接水槽，主轴周围有防止水雾飞溅的挡圈。高速玉雕机多采用低压照明系统。

二、软轴雕刻机

软轴雕刻机也称为玉雕锣机，体积较小，移动方便，可以很方便地更换各种工具，动力由100瓦直流电机提供，并带有变压器、整流器等附件，可以很方便地使用220瓦交流电（图2－3）。

1. **传动方式**

由钢丝软轴传动。

2. **转速　无级变速**

变速范围3000～20000转/分。

3. **有特制的工作手柄**

一种为可调式三瓣卡头，可以使用4～6毫米的各种磨头工具。另一种为固定式，根据卡头内三瓣簧的大小，可以分别使用轴杆直径为φ1、φ2、φ3、φ4、φ5、φ6的各种磨头工具。

图2－3　软轴雕刻机

三、高精度雕刻机

也称为精密摩打机，高精度雕刻机是一种用途很广泛的紧密打磨、雕刻机器（图2－4）。高精度雕刻机是一套很精密的机器，由主机、打磨头和控制开关组成。结构有点类似软轴雕刻机，不同的是雕刻机控制和调速系统都装在主机里，打磨工具夹头

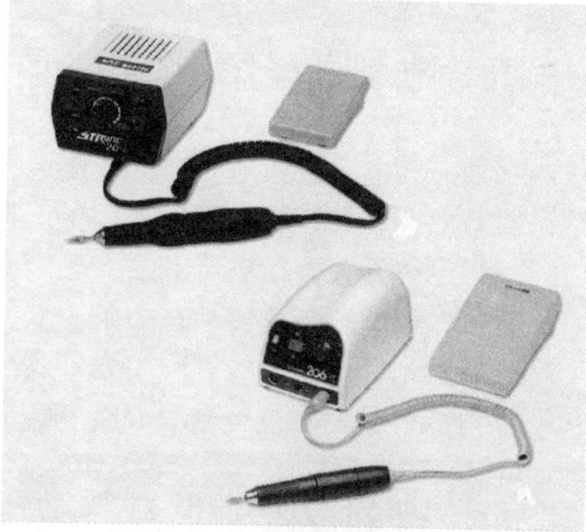

图 2－4　高精度雕刻机

的传动装置与打磨头为一体，由主机带动实现无级调速。可用在雕刻、切割、抛光、牙科、打孔、车花等领域。

基本参数：

1. 工作电压

110～220 V。

2. 主轴转速

0～50000 转/分。

3. 夹头调整范围

0～20mm。

精密摩打机主传动轴的旋转速度很高，在开机时肉眼几乎看不到其在转动，所以用来对宝玉石的精细加工十分合适，再加上其能灵活的操作磨头对雕刻就更加得心应手了。在对珠宝玉石雕刻加工时，精密摩打机和高速玉雕机搭配的使用可以很大的提高珠宝玉石成品的质量。精密雕刻机不适合打粗坯用，这样容易损坏机器。

四、数控玉雕机

数控玉雕机是由数控机床发展、演变而来的一种新型玉雕机。其工作原理是首先利用先进的数控软件和相应的程序，在电脑上编辑图形或文字，再输出到玉雕机的雕刻刀头，电脑控制的玉雕机精度稳定，性能可靠，加工出的产品图像精细。适用于玉石、翡翠艺术浮雕、玉牌、珠宝首饰等加工。

数控玉雕机基本参数：

1. 雕刻行程

300×600mm。

2. 雕刻速度

600～2400 转/分。

3. 功　率

800～1500W。

4. 配　件

磨刀机和分度头。

图 2－5　数控玉雕机

数控玉雕机的最大特点是雕刻速度快，从构思到出产品只需几个小时的时间，能很精确地雕刻出想要的图案或文字，这种机器特别适用于大批量生产平面浅浮雕挂件（图 2－5）。当然其弊端是玉雕机的掌握需要有相当的计算机和艺术设计知识，另外就是雕刻出来的成品统一划齐，缺乏灵气。

五、雕刻机操作步骤

接通三相电，接通地线，保证接地线良好；
打开电源开关，看机器是否运转正常；
关掉电源开关，在机器上装上雕刻所需要的磨头；
开机，调整磨头与转轴在一条线上；
开始雕刻，在雕刻的过程中如果要换磨头的话，必须在牢记停止运转以后再换上；
雕刻结束以后，关掉电源，取下磨头。

六、雕刻技术要求及注意事项

1. 打坯、斩铊要把握好料的稳定性；
2. 安装工具时必须夹紧磨头，反复检查，防止磨头飞出；
3. 确认磨头完全夹紧后，才可接通电源；
4. 只有在机器完全停稳后才可更换工具；
5. 玉雕操作时佩戴眼镜和口罩，防止碎片飞入眼睛和吸入太多的粉尘；
6. 操作横机必须戴好安全帽，防止头发被机器缠绕；
7. 玉雕工作过程中不能戴手套，以免手套卷入机器；
8. 不能无水雕刻，防止烧坏磨头。

复习思考题

1. 雕刻作业有哪些基本工艺过程？
2. 简述横轴式雕刻机的结构和工作原理。
3. 软轴雕刻机的构造和用途是什么？
4. 雕刻工艺过程要注意些什么？
5. 雕刻机操作安全事项有哪些？

第三章　打磨及抛光工艺与设备

轮磨，是继锯割出坯之后，运用高速旋转的轮状磨具对玉石粗坯进行更准确、更细致的造型刻画。轮磨实际是磨削加工。这种作业方式用途很广，无论是制作玉首饰、玉摆件，还是制作玉盆景、镶嵌首饰，均要进行轮磨加工。由于这种作业方式是采用轮状磨具，故称之为轮磨。

第一节　轮磨式打磨设备

一、轮磨工作原理

轮磨的磨削力来源于磨具。

砂轮、金刚石工具、砂纸、铊片和磨粉都是磨具。砂轮和金刚石工具是固结类磨具，砂纸是涂附类磨具，铊片和磨粉是分离类磨具。轮磨的速度快慢、表面加工的粗细，与磨具上磨料粒度、硬度、结合剂、形状、强度等因素有关。

磨料有很高的硬度、热稳定性和化学稳定性。当磨料被制成轮状磨具后，每一颗磨料都相当于一个刀刃，整个砂轮就相当于一把有无数个刀齿的刀具在切削玉石。加上磨料有一定的脆性，在磨削力的作用下，磨粒能以自身的裂碎而更新它的切削力。

虽然轮磨的工作原理也是磨料对玉石材料的磨削，但锯割与轮磨还是有许多不同。例如从磨具与玉石材料的接触方式来看，锯割是采用点——线——深槽的方式，而轮磨则是点——群点——面的方式；从磨具与玉料的位置来看，轮磨时，磨具始终在玉料的表层旋转，并不进入到玉料的内层。而锯割正好相反，锯片只有进入玉料的内层才能将玉料切开。轮磨的磨具有用陶瓷结合剂制作出来的砂轮和用金属结合剂制作的金刚石工具，而锯割只使用金属结合剂制作出来的金刚石锯片。

轮磨过程中会产生高温，因此需要用水冷却。

二、轮磨抛光设备

轮磨设备的结构并不复杂。砂轮机就是最简单、最实用的轮磨设备。轮磨设备的结构大致相仿，常因磨具的种类不同而稍有变化。从结构上说，轮磨设备有立轴式和横轴式两类。

1. 立式轮磨机结构特点

立轴式是指磨盘的驱动轴为直立式安装，磨轮作水平旋转。

轴中下部有一直径很大的皮带轮，可使立轴以较慢的速度作正反向旋转。

立轴的上端有一个直径为 20～40 厘米的钢质擦盘托，托盘上有制口，可以很方便地安装砂轮或各种质地不同的磨盘。

磨盘托下有磨浆承接盆，可防止磨浆漏下打湿电机。擦盘托四周尚有一圆筒形的砂圈，防止工作时因离心力而将磨浆甩出。

有给水装置，给水点常选在磨盘的中心，水可因离心力而均匀分布在磨盘之上。

2. 横轴式轮磨机结构特点

横轴式是指磨盘的驱动轴为水平安装，磨轮作垂直旋转。驱动横轴较长，可于两端安装粗细砂轮各一。在两个砂轮的内侧各装有一轴承，轴承间装驱动皮带轮，电机位于驱动轴的后上方。用三角皮带转动。可正反两向旋转。转速通常较高。

砂轮上方有防溅罩。可防止水雾飞溅，也可防止砂轮破碎后伤人。

在防溅罩上有给水装置。可随时冲刷砂轮的工作面，既可冷却，又可将石屑冲净，保持砂轮工作面的清洁，加快磨削速度。

有些轮磨机还装有工作小平台。便于打磨薄片玉料的端面。有些轮磨机还配有压盘盖等。

以上两种轮磨机无优劣之分，主要是看作何用途。制作异形的玉雕摆件或首饰，多用横轴式设备；制作以平面为主的玉首饰，多用立轴式设备。轮磨机的使用关键是磨轮的选用。

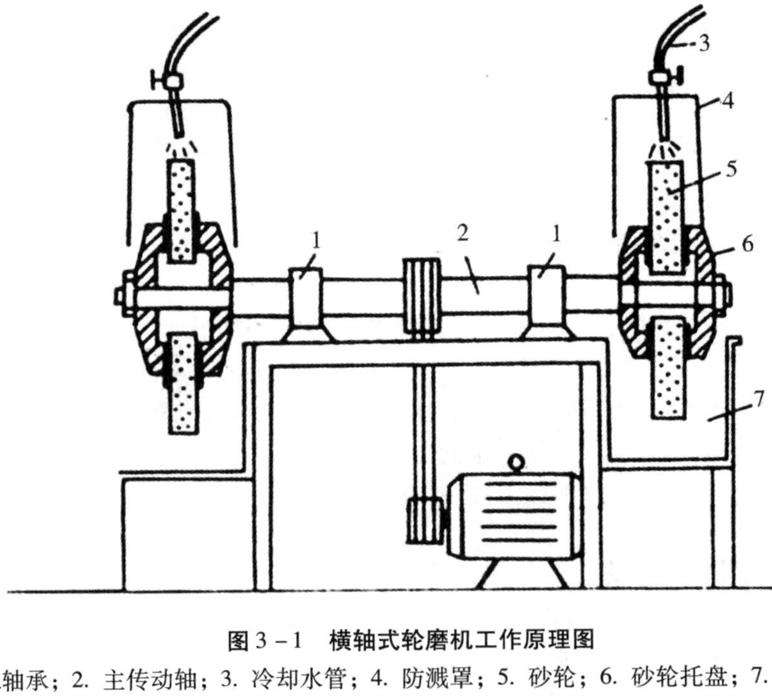

图 3－1　横轴式轮磨机工作原理图

1. 支承轴承；2. 主传动轴；3. 冷却水管；4. 防溅罩；5. 砂轮；6. 砂轮托盘；7. 磨浆承接盆

图 3－2 横轴式轮磨机

第二节 擦磨式打磨设备

一、擦磨工作原理

擦磨，又叫磨平，是一种使玉制品的细坯表面更加光洁、更加细腻、更加平整或光滑的作业方式。

擦磨的含义是比较广的。将一块玉石板放在撒有细磨粉浆的平台上来回擦动，经过较长时间的擦磨，使表面更加平整、光滑、细腻，这只是一种最简单的擦磨方式。

将一颗圆凸形的戒面细坯，用来回滚动的方式打磨表面，使表面的曲线更加柔和，使圆凸形的表面更加平滑、光洁，这也是一种擦磨方式。

在制作玉雕摆件时，用各种轧铊对玉摆件细坯的表面进行轧磨，使各种形状的表面更加平滑、光洁、利落，这也是一种擦磨方式。

总之，只要我们不拘泥于操作的形式，而是从作业的目的——使玉制品细坯的表面更加光洁、更加细腻、更加平整或光滑——出发，是不难理解擦磨的含义。

擦磨作业的特点是：使用比轮磨时粒度更高的磨料或磨具。磨具与玉制品的细坯之间，尽可能地有较大接触面。作业的目的不是为了使造型更加准确，而是为使玉件表面更加平整、光洁、细腻。

二、擦磨工艺与设备

将一块玉石板料放在撒有细磨料浆的铁工作平台上，来回擦磨，其表面为什么会平整而细腻呢?

经过锯割和轮磨加工的玉板，其表面看似平整，但由于锯割和轮磨时使用的磨料都较粗。在玉石表面上留下了与磨料相仿的凹点。这时玉板貌似平整，但实际是凹凸不平的原因。

在擦磨时，玉石表面的最凸出的部位与铁平台相接触，被夹在其间的细磨料磨下，并在该处形成与细磨料粒度相仿的凹点。随着擦磨作业的继续，凸出部位逐渐被磨下去，在玉料的表面上出现了越来越多的凹点。洗净之后，犹如白霜满布。如擦磨时间够长了，玉料的表面必呈现出均匀、细腻的霜色。如有斑点或霜色不均的现象，则表明有些部位尚未擦磨到，仍需继续擦磨。

如逐渐改用更细的磨粉，则使玉石的表面更加细腻、更加光洁、甚至可达半透明的状态。

在擦磨过程中，磨料时铁质平台也被磨损，但因为铁有一定的弹性，并不像玉石料那样脆，故磨损得很慢。

另一种擦磨方法是利用磨头（轧铊）不同的形状来进行，多用于玉雕摆件的制作。

擦磨设备有许多种，最典型的结构是用于制作首饰用的擦磨机。其结构特点是：

采用立式轴结构。轴中部装有口径很大的皮带轮，可使立式轴以较慢的速度正反旋转。

立轴的上端，有一个直径为20～40厘米的钢质擦盘托。托盘上可以很方便地安装砂轮或更换各种质地不同的擦盘。

擦盘托下有磨粉浆承接盆。可防止磨浆漏下打湿电动机。

第三节　砂磨式打磨设备

砂磨，又叫精磨或去糙，是抛光前必须进行的准备工作。因为不论雕刻技术如何精良、仔细，总难免有不到之处。何况在砂磨之前的种种作业中所使用的磨具或磨粉粒度都较粗，在貌似精细的玉件表面留下抛光粉难以去净的擦痕。一待抛光之后就会清晰地显现出来，影响抛光的质量。

由于玉制品的表面具有各种不同形状：平面、弧面、凸圆面、凹陷面、球面、几何体、异形面等，只能因形而异，采用不同的砂磨方法。因此，砂磨的作业方式较为多样。

不论砂磨的作业方式如何多样，分多次进行，每次都使用比上一次粒度更高的磨料，选用较柔软的摩擦面，是砂磨作业的特点。

一、砂磨工作原理

砂磨的作业原理较为简单，是利用粒度不同的磨料在玉料表面留下的擦痕深度不同，粒度较粗的磨粉、磨削速度较快、但擦痕亦深。粒度较细的磨粉、磨削速度较慢、但擦痕亦浅。利用粒度越来越细的磨粉，分几次循序渐进来擦磨玉件的表面，可以较好地清除玉件表面的擦痕，使玉件具有相当细腻的表面。

二、砂磨设备

砂磨设备的种类很多，但有些与轮磨设备相同，只要改用磨盘和磨料的粒度就是很好的砂磨设备。另有一些较特殊的砂磨设备。现介绍如下：

震桶是对玉石圆珠或小型饰件进行批量性砂磨的专用设备。震桶为圆缸形状，缸体底部上有圆锥状的突起，几与缸口相齐。缸体内壁及圆锥状突起外表上均附有一层橡胶层，作用是降低碰撞力和增加对玉件表面的摩擦力。缸体通过6~8个硬弹簧与铁质底座相连。在铁质底座中央，安有一台200瓦交流电动机，立轴式安装，立轴上端装有一枚能做水平旋转的铁制甩锤。开动电机后，因甩锤高速水平旋转，产生震动，震动通过弹簧的传递，使缸体产生震动。

使用时，在缸体内放入光滑的玛瑙料碎块、较细的磨粉浆和待砂磨的小型玉件，开机即可。用这种方法进行砂磨，时间较长。根据被磨玉件的形状，还可加缓冲剂——小木块，废橡胶块等，防止玉件间直接撞击。

震桶正常工作时，磨料及玉件应同时做两种运动：一是沿缸内壁很缓慢地移动，二是沿缸壁和沿圆锥状突起翻起。这时砂磨效果最好。

横轴砂磨机的构造并不复杂，任何一个长轴砂轮机或布轮机都能用作砂磨机。问题在于选择好适当的磨轮或磨盘。由于所用磨料不同，磨轮或磨盘的直径大小不同，转速最好是可调速的（每分钟500~3000转）。磨轮和磨盘的形状、材质见下一章工具部分。

横轴砂磨机可用于平面、弧面，或形体不复杂的玉件抛光。

第四节 抛光工艺及设备

抛光是对玉雕工艺品加工的最终作业，玉雕行业多习惯称之为“光亮”或“光活”。从玉雕行业内部划分工序的情况来看，也大体如此，只是要加上砂磨作业的技术内容。

一、抛光作业原理

将抛光剂用适量的水或油脂调好，涂抹在柔软的材料——毛毡、皮革、棉布、木材、橡胶等制成轮状抛光工具上，经电机带动，即可在玉制品的表面作摩擦运动。经一段时间，就可以获得光滑洁润、闪烁着耀眼光泽的表面。玉石的材质美、玉石工艺的技艺美才能充分地显示出来。光滑洁润、闪烁着特别耀眼光泽的玉石表面，符合人类“以光滑为美”的审美意识。所以，大凡玉雕制品，莫不经过抛光处理。

经过抛光处理的玉制品表面，为什么会产生如此奇妙的变化？有人认为：抛光本身没有什么魔力，只不过是抛光剂将玉制品表面上的擦痕减少到肉眼看不到的程度。这样就增加了玉石表面对光线的反射能力，由此形成了光洁莹亮的玉石表面。至于表面的亮度主要受两个因素的影响：一是玉料的材质，即玉料的密度（或说硬度）大的、易光亮；密度小的、不易光亮。二是玉料的结构，虽然大多数玉料是晶体结构，但晶粒的形状和分布状况不同。呈纤维状微晶结构的玉料易于抛光，呈粒状微晶结构的玉料不易抛光；单晶矿体易抛光，多晶矿物集合体不易抛光。表面是否平整、细腻，这是玉石表面能有光泽的先决条件。

但也有人认为：抛光效果的形成，是由于抛光时产生了较高的温度，使玉石表面产生了熔融现象的结果。这个道理可从奶油被热刀切过后的表面中看出。

虽然关于抛光的秘密尚未有定论，但抛光终归可以使玉石表面产生奇妙的装饰效果，却是无可怀疑的事实。上述两种解释虽不能独立地解释抛光工艺的实质，但应当引起我们的重视。有不少人为提高抛光工艺的质量，曾从这两个方面着手改进工艺，均取得较令人满意的效果。

值得指出的是，抛光作业虽然确有神妙的装饰功能，但成功的原因却不尽在抛光作业之一举，正式抛光前的擦磨和砂磨作业，乃是抛光作业一举成功的保证。如果在擦磨和砂磨阶段不充分，无论抛光作业怎样卖力气也是徒劳无功的。

二、抛光设备简介

抛光设备并不复杂。只要转速能控制到每分钟400转以下，能换上抛光用的各种工具头的擦磨设备、雕刻机均可用于抛光作业。一般地说，首饰类玉制品抛光多用立轴式设备，件活类玉雕制品多用横轴式设备。如果设备的转速符合要求，换上相应的抛光工具即可。

有一种专门用来抛光玉石圆珠的立轴式设备，因抛光过程不用手直接操作，而抛光时又要求对玉石圆珠加一些压力，故在磨盘上加一个较重的铁盖。铁盖下粘一层薄橡胶板，用以增加摩擦力，使玉石圆珠能不停的滚动旋转，从而完成抛光作业。

图 3－3　滚筒式玉石抛光机

三、摇光作业及设备

摇光是一种特殊的作业方式。它适用于大批量随形珠饰的制作。随形珠的珠坯通常较小，材料档次较低，不值得逐粒磨制，对形状、大小没有整齐划一的要求，只要求表面光洁即可。

图 3－4　震筒式抛光机

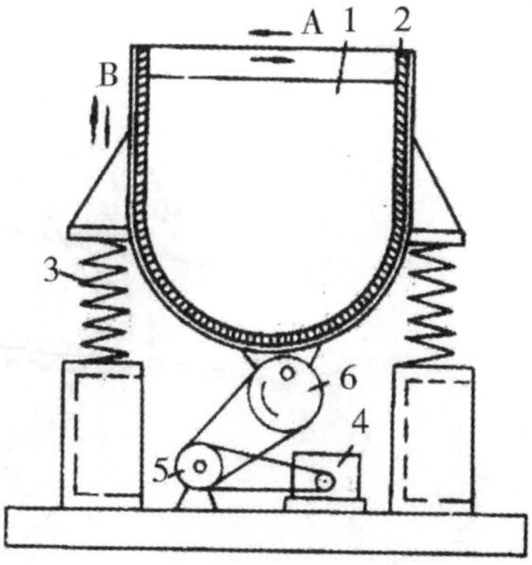

图－5　震筒式抛光机的结构

摇光，是一种能一次抛光许多形状简单的小件玉制品的方法。

玉石圆珠、圆点、鸡心、随形珠、戒面、钮扣、十字架及字形状的小件玉制品，只要表面无深凹的部位和饰花，都可以采用这种方法进行抛光。

摇光设备一般分为滚筒式抛光机和震筒式抛光机。

1. 摇光作业原理

摇光作业是将一定数量的粒状随形珠坯放入特制的滚桶之中，加入磨料和水，使摇光滚桶不停地转动、震动，待一定的时间后，粗糙的珠坯表面被磨成较光滑圆润的珠坯。如改换磨料，继续摇磨，将可获得表面光滑圆润的成品珠粒。

这种作业方式是利用滚桶的转动、震动，使桶内的粒状珠坯相互摩擦。由于摩擦的方式无规律性，故尖锐的突起部分将先被磨去。加入一定的磨粉浆，可加快摇光的速度。这种作业方与河中卵石的形成相似。

在实际运用中，可先加入较粗的金刚砂，待加工一段时间后，用水清洗滚桶及坯珠，加入较细的金刚砂。如此者再三，直至改加入抛光磨粉，可获得很好的抛光成品。因此，摇光作业是一种特殊的加工玉石雕工艺品的工艺方法。每换一种型号的金刚砂前，都必须检查被抛光打磨的玉件，每道砂摇磨的情况，是否合符该道砂摇磨好的标准，否则提前换砂后，最终不能达到抛光所需要的效果。

2. 摇光设备简介

（1）滚筒式抛光机

滚筒式抛光机的主要部分是一个可转动的圆筒。只要不漏，不易炸裂，可密闭或有螺旋盖的铁桶均可使用。

为了防止产生过响的噪音，可在内部加衬橡皮层，或木板层；最简单的方法可在一软橡皮车胎内放入玉料，然后一并放入铁桶之中，圆筒旋转的速度不宜过快。过快时，因离心力过大，玉石坯料在其中反而不会相互滑动。大体上以每分钟不超过 50 转为宜。

（2）震动式抛光机

震动式抛光机简称震机，在启动机械的时候，震动马达产生强大的激动力，通过振动弹簧带动振动盘中的抛光粉等物质产生上下翻转、由里向外的翻转、螺旋形的顺时针

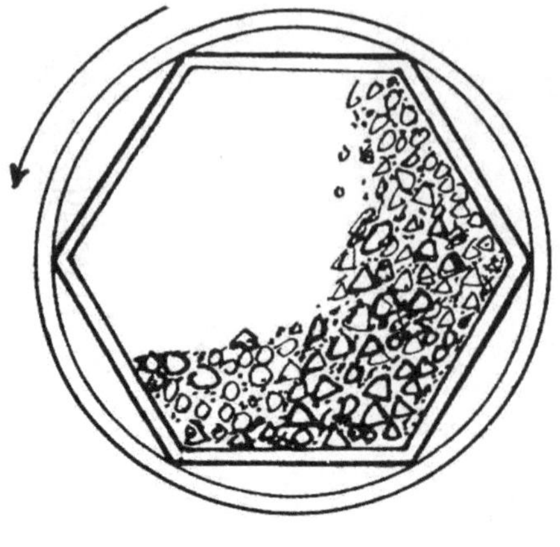

图 3-6　摇光作业示意图

翻转三个方向的运动，在运动过程中与所需要抛光的玉石小件产生摩擦，最后达到我们所要的抛光效果。

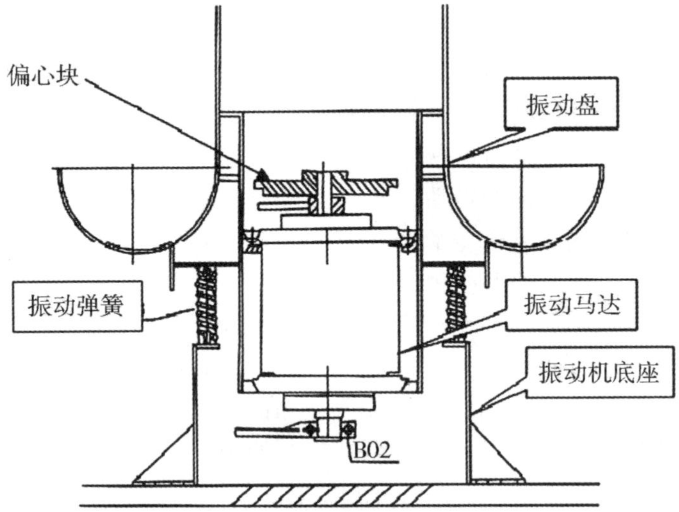

图 3-7　震动抛光机工作原理

3. 摇光作业注意事项

（1）摇光作业成功与转速的快慢关系甚大。转速高时，玉料因离心力的原故，反而贴在桶壁上不动了。转速太低时，玉料的滑动行程太短，也很难起到表面光洁的作用。最理想的转速应让玉料升到桶的最高处后再下落滑行——称为“瀑布”效应。

（2）玉料装桶时，应放 1/20 的抛光剂和 1/4 的助磨剂。助磨剂种类很多，钉子、四方小木块、片状木块、废皮条等均可放入，其作用是避免玉件间发生直接撞击，保护玉件的边角形状。

（3）装桶时不可太紧，要留出玉料滑动的空间。

（4）至抛光的最后阶段，如系同一种玉料，适量加入清水，就是非常好的抛光剂。

（5）摇光作业是一种长时间的作业方式，选用设备时，要考虑容量的大小、电动机的大小以及防止噪音等有关问题。

（6）每次换不同型号的抛光砂时，都必须彻底清洗尽上一道型号的抛光砂在摇桶、辅料及玉件上的残留。

复习思考题

1. 轮磨的工作原理是什么？
2. 擦磨设备是如何工作的？
3. 玉器为什么要进行砂磨处理？
4. 抛光的工艺原理是什么？抛光类设备有哪些？

第四章　钻孔作业及设备

第一节　概　述

一、钻孔定义

钻孔虽不是制作玉雕工艺品的必然作业方式，但钻孔作业在玉雕工艺中却有着广泛的用途。例如，各种玉珠要打出细孔才能穿串在一起；坠饰上要有细孔才能悬挂；镂空花纹时要先钻好一细孔才能使用线锯；将大块玉石料内部控空，或从玉料上取出圆柱体或圆环形玉料待用……都要使用钻孔技术。

1. 在玉雕工艺中，钻孔的概念是广义的，通常有如下几类

（1）“打眼”是指在玉制品上钻一个直径小于2毫米的孔。

（2）钻孔是指在玉制品上钻一个直径为2~6毫米的孔。

（3）套取料芯是在玉石材料上钻取一个大而深的孔，同时还要利用套取下来的圆柱体形玉料制作其他物品，或者就是为了从玉石材料上旋取一环状或圆柱体状的玉料。

2. 在实际应用中，钻孔可采用的方法

（1）针钻法。

（2）小管钻法。

（3）桶钻法，或称为大管钻法。

（4）钻石钻法。

二、钻孔作业原理

钻孔时，采用针钻法、管钻法、桶钻法，都是利用磨料粉浆的磨削作用。

钻石钻法，则是利用钻石的高硬度打孔。

使用磨料粉浆时，钻孔进度的快慢，除与磨料的粗细、转速高低有关外，还与管壁的薄厚有关，管壁愈薄，钻孔速度越快。所以桶钻的壁是很薄的，通常用薄马口铁皮围卷而成。

第二节 钻孔设备与工具

一般钻孔使用的立式钻床，或制作与立式钻床相仿的设备。

用于圆珠的打孔设备则较复杂些。主要有如下几种。

一、砂 钻

砂钻是一种老式的设备。噪音很大，打孔质量差，是一种行将淘汰的设备。目前，在我国的许多地方仍有使用。砂钻就是用一个电动机，通过细皮带传动方式，带动10多根垂直安装的钢丝旋转。在钢丝以下端有特制的卡具将圆珠固定。打孔时，用磨料粉浆。孔打至一半时，更换另一个定位卡具后，再打另一半孔。由于钢丝较软，高速旋转时，钢丝会变形，致使打出的孔略呈喇叭形。孔径也较大。有的孔还不正（即不通过球心）。

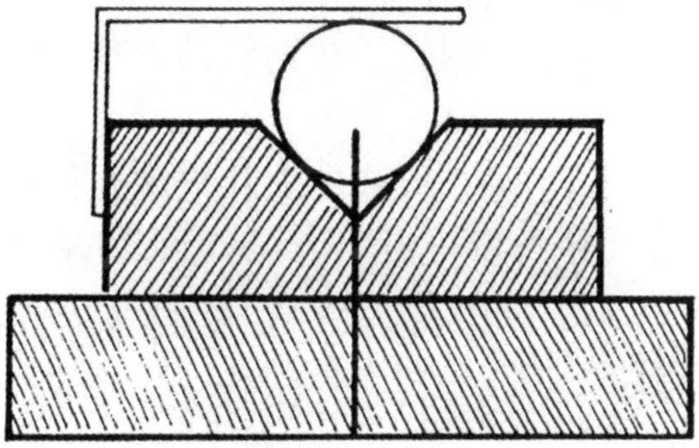

图4－1 圆珠定位卡具示意图

二、超声波打孔机

是一种新型的打孔专用设备。其原理是利用大功率的晶体管组成振荡电路，通过压电元件将电磁能转换成机械能——即频率很高、振幅很小的往复振动。这种往复式的振动可带动若干个针管，通过磨料的作用，可以很快速地打出细孔。

超声波打孔机有立式和卧式两种。立式多为多针头打孔机，一次可打细孔近百个。卧式多为单头打孔机，每次只能打一个孔。但立式打孔机尚需特制的卡盘和一次能同时焊接几十根针头的模盘。焊接操作也较为复杂。

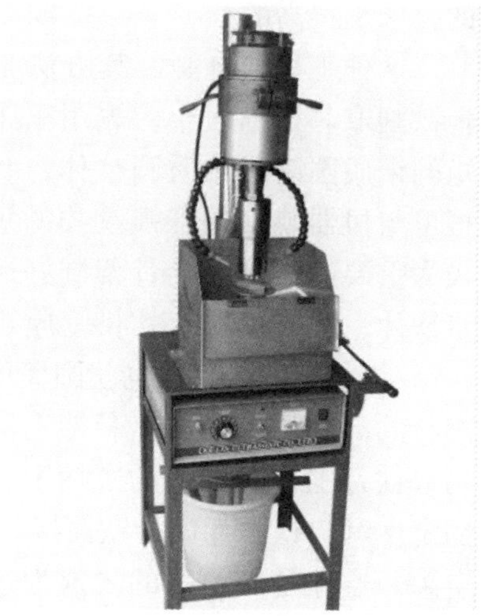

图4－2 超声波打孔机

三、钻孔工具

在实际应用中，钻孔工具有如下几种：

1. 针　钻

（1）针钻　即细的实心钢针，在设备带动下旋转，在金刚砂的介入下，可在玉石上钻出一个略大于铜针直径的孔。

针钻也可用手工拉钻，手工拉钻与木工使用拉杆钻相同。在钻弓往复带动下，钻杆可作左右转动。钻杆一端装有细钢针，使用时须不断加入金刚砂浆。亦有装有钻石的，或装有硬质合金针的。针钻是传统手工钻孔工具，现已很少有人使用。

（2）钻石粉针头　现使用较多的是钻石粉针头，安在软轴钻上，打孔很方便。

2. 钻孔工具

任何金属管均可。当所钻之孔较小时，所用金属管可为铜制、铁制、钢制，只要金属管不太软即可。所选用的金属管应表面光洁，管壁无凹陷处，否则会影响管内石芯的移动。一旦石芯卡住、打孔作业就无法进行。

当所钻之孔较大时应选用薄壁的钢管。在钢管的工作端，应用钢锯锯出几个缺口，以利于金刚砂浆的均匀分布。

钻石粉管钻就是在金属管的一端，压嵌焊上几枚钻石粉制成的“齿”，要求管壁厚度能与钻石粉“齿”相配合（钻石粉“齿”，就是钻石粉锯片上所用的“齿”）。

四、套料取芯工具

套料取芯依然要用管钻法。只不过所用之管应用薄马口铁围卷而成。由于这种钻孔的目的不同于前两种，既要孔，又要保证芯料有最大的体积和所需的形状。所以对工具的要求是很高的。

这种工具须自制。其方法是：视钻孔大小或者视欲割取芯材的大小，先用车床车镟出一段极为规矩的钢质圆筒或木质圆柱体，并预先在其上装好一根可与机器装接的带螺纹扣的短轴。保证同心度是极为重要的。当以上骨架制好后，取极其平整的马口铁片，裁成矩形。其长度应当比骨架的圆周长少2～3毫米。其宽度（也就圆筒的高度）应大于所取芯材的高度，还要加上骨架上圆筒的高度。然后将马口铁片围卷在骨架的圆筒上，用管夹或小螺丝钉固定。马口铁围卷成的铁筒接口处应有2～3毫米的空隙。空隙是必须留的，因为这是金刚砂浆进入工作面的唯一通道。如骨架系用木制成，应先作涂蜡或油漆处理。

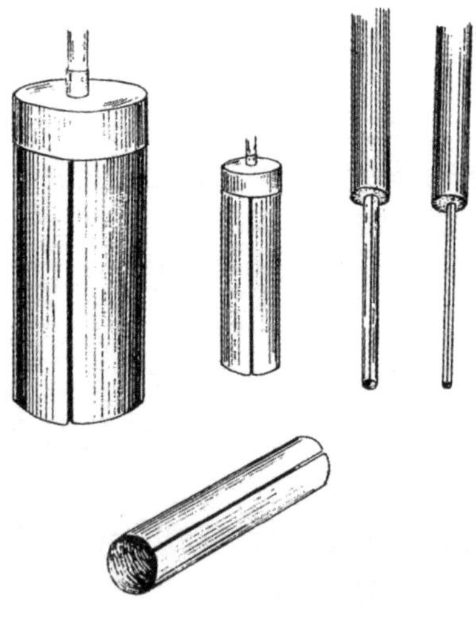

图4－3　钻孔和套料取芯工具

这种方法可以取很大的芯料，可以钻很大的孔。但也可以将工具做得很小巧，用于高档玉石、宝石的首饰加工。

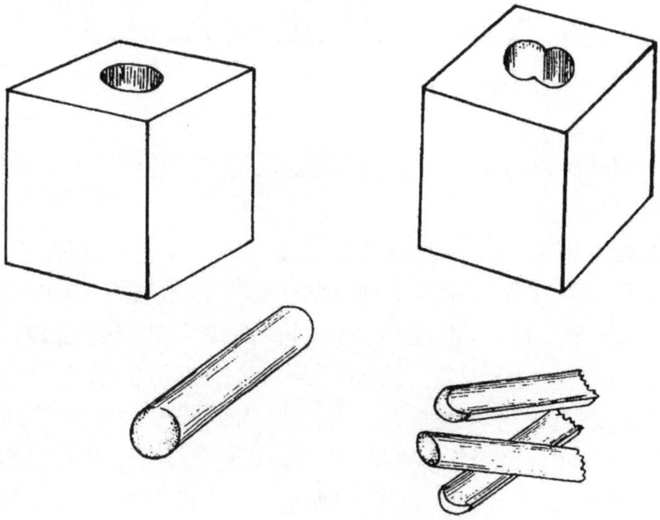

图4－4　套料取芯工艺示意图

五、钻石刃钻头

钻石刃钻头，就是将天然的下等钻石镶嵌在工具头上。工具头可以是实心针状杆、空心针管或较粗的金属管壁的终端。镶嵌的方法可采用银焊法和电镀法。

钻石可用一颗，称为单刃钻头，亦可用两颗，称为双刃钻头。

复习思考题

1. 打眼、钻孔、套料取芯有何不同?
2. 钻孔工具有哪些?

第五章　玉雕专用工具

玉石的硬度比钢铁高出许多，玉石雕刻显然不能使用钢铁制成的刀、凿工具，而必须使用特殊的专用工具。

对于古代的玉雕专用工具，目前所知并不多。因为在古代文献中很少有这方面的记载，偶然有之，不是夸大其辞，充满了神奇的色彩，就是语焉不详，让人不得要领。例如，《列子·汤问篇》谈到周穆王征讨西戎时，西戎人献锟吾之釖，“用之切玉如切泥。”《太平御览》称“金刚出天竺、大秦国，一名削玉刀，削玉如铁刀削木。”《诗经·小雅》则有“它山之石，可以攻玉”之说。唯有明代宋应星所著的《天工开物》所载较为准确，“凡玉初剖时，冶铁为圆盘，以盆水盛砂，足踏圆盘使转，添砂割玉，遂忽割断。”但只谈及用铁盘带动砂子剖玉的情况，而未涉及其他雕刻工具及抛光工具。

现代玉雕行业专用工具种类极多，现按工具的用途分为雕刻、抛光、打孔和辅助工具四类进行介绍。

第一节　雕刻工具

玉雕行业专用的雕刻工具可分为铁砣和镀钻石粉砣两大类。

“砣”，是玉雕行业沿用的历史名称，是指旋转使用的各种圆形雕刻工具。“砣”，可以是钢铁制品，也可以是铜制品、木制品、石制品，但以钢铁制品居多，故以“铁砣”作为玉雕工具的泛称。

一、铁　砣

铁砣是一种传统的磨玉工具。它的出现、使用已经近 2000 年了。铁砣本身并不具备磨刻玉石料的功能，而是在旋转中带动那些不断加入的金刚砂浆——玉行称之为“搭砂子”，才产生磨削作用的。其结构形状与镀钻石粉砣没有什么区别，二者相比，铁砣类工具存在磨削效率低，操作不方便的缺点。但是，铁砣工具也有其独特的优点——制作方便，价格低廉，使用费用极低，特别是那些小口径的铡砣可以做得非常薄，这样可以获得非常小的锯口损耗－在切割珍贵玉料时，就可大大地提高了材料的利用率。因此，在镀钻石粉砣非常流行、非常普及的现代，铁砣并没有失去其应用价值，依然在玉雕中发挥着自己的独特作用。

由于各种“砣”的用途和功能不同，故在具体命名时，还要加上说明功能用途的定语，如，“铡砣”是说这种砣能像铡刀那样切割玉料。“錾砣”，是说这种砣专门用于雕刻出坯。

1. 铡 铊

铡铊是圆形片状铁质工具，通过位于中部的孔来和开料机或磨玉机相连。铡铊在旋转时不断地带动随时加入的金刚砂浆，靠砂浆的磨削作用来切割玉石材料。铡铊在玉雕中主要用于是开料和出坯（玉行俗称为“刺活”）。因此，铡铊的确切含义是圆盘形无齿式泥砂锯片。

2. 铡铊的规格和用途

铡铊为铁质或钢质圆片状，厚度一般在0.3～1.5毫米，直径为250～900毫米，可切割玉石材料深度为50～350毫米。在日常生产中使用最多的是厚度为0.6～1.2毫米，直径为100～500毫米的铡铊。铡铊的选用是以切开玉石的深度为标准的。

各种规格的铡铊及用途可见表5－1。

表5－1 铡铊规格用途表

规格（直径×厚）	用途	能切开深度
φ900×1.5mm	切开大料	小于350mm
φ600×1.2mm	切开大料	小于250mm
φ500×1.2mm	切割中料	小于200mm
φ450×1.0rnm	切割出坯	小于150mm
φ480×0.8mm	切割出坯	小于150mm
φ390×0.8mm	切割出坯	小于120mm
φ430×0.6mm	高档料出坯	小于120mm
φ390×0.6mm	高档料出坯	小于100mm
φ300×0.4mm	高档料的出坯	小于80mm
φ250×0.3mm		小于50mm

3. 铡铊的构造

铡铊常用冷轧或热轧钢板制成。中部有12～24毫米的圆孔。

老式的铡铊没有中心圆孔，而是用紫胶粘在磨玉机的木轴上。孔径大小应与开料机或磨玉机的驱动轴相同。孔周围较厚，每边约比铊平面高出2～10毫米，用以增加铊片强度。

铊面平整，边沿处为圆口，有弹性，用手轻掰时，铊片可作左右移位并能复位。铊片作竖向旋转时，铊口轨迹应在同一条直线上。

二、錾 铊

錾铊亦为圆形片状，中部有圆轴，铊片直径小于120毫米。是玉雕的主要工具之一。其功能以切割为主，但因其较小巧灵活，可作多种角度以切割，亦可作贴、靠等磨削，是继出坯之后，进一步制作玉雕的专用工具。目前，铁錾铊已较少使用，有被镀钻石粉錾铊取代的趋势。

三、铁錾铊的制作

取薄铁片、剪成直径小于120毫米的圆形，中部冲一个小方孔，可与一方头圆铤铆接焊死圆孔即可。铆接时，铁铤要求与铊片垂直。调整办法可将其安在磨玉机上，在旋转中用小铁锤敲击铆接点，可使“铊口”逐渐平直。然后用钢锉或油石将边口磨成圆弧形，并将铆接点磨平滑。

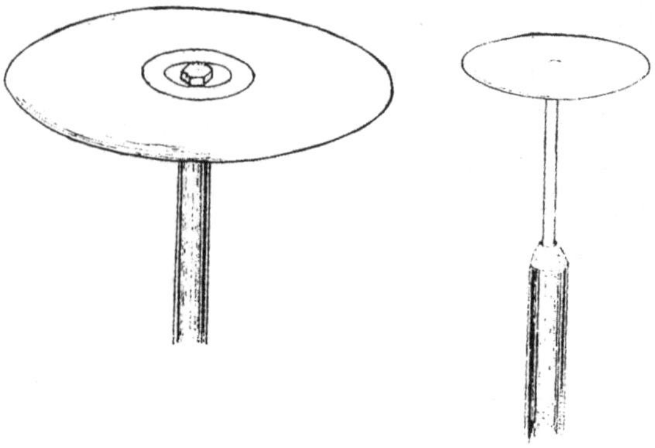

图5－1　錾铊式样图

四、勾　铊

即形状、规格更为小巧的錾铊。其作用是勾线、勾面纹使用，也能作顶、掖使用。

顶，是利用勾铊的圆盘平面作磨削加工。

掖，是使用勾铊的圆盘边沿作磨削，使雕刻形象的结构出现深浅不同的变化。

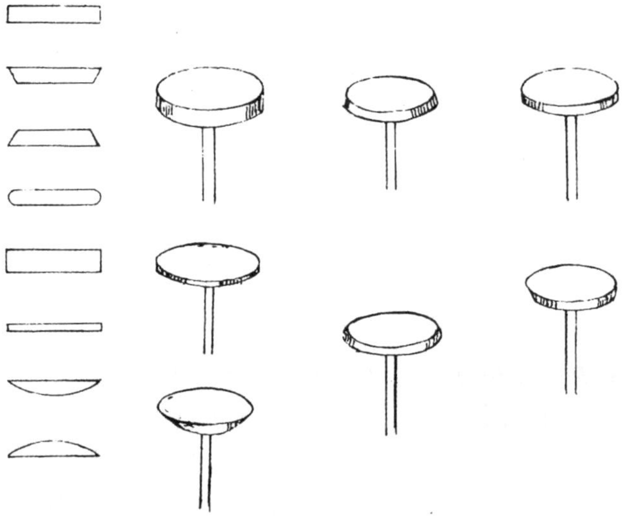

图5－2　勾铊式样图

五、碗　铊

即用于制作玉碗的铁工具。常用铁片弯成弧形，焊在特制的工具架上。

六、轧 铊

轧铊的种类很多，可用于造型的不同部位。主要功能是研磨，使形象更加准确，表面平整、光滑。

轧铊的名称分两类。一类是以砣口形状命名，如“大齐口”是指铊边口为90°角的一类轧铊。“快口”是指铊边口小于90°角的一类轧铊。一类是以轧铊的侧面影像命名的。如“梯形”是指侧形影像如同梯形的棒状轧铊，“枣核”即是轧铊的侧面影像如同枣核形。

七、弯 铊

用粗铁丝弯成，专门用于掏小口器皿的内膛。

八、冲 铊

为圆环状铁制工具，专门用于冲磨大的平面。

九、膛 铊

为铁制圆球状工具，专门用于冲磨大敞口器皿的内膛。

十、磨 铊

由厚钢板制成（2~6毫米），大小如铡铊。上面有车镟好的圆凹槽，专门用于制作首饰。

十一、钉 铊

指形状、大小都如同钉子的磨玉工具。状像喇叭口，故玉雕行业多称钉铊为“钉子”或“喇叭口”。钉铊的形状、大小有许多种，功能也较为多样，勾、掖、顶、撞均行，它的选用因人而异，是玉雕制作细部形象的主要工具。

十二、擦 条

用粗铁丝拍扁后做成的工具，专门用于擦磨玉件上孔眼部位的不平之处。

十三、研磨铁盘

研磨铁盘可用铸铁浇铸，然后用车床镟制。使用时研磨铁盘作水平方向旋转。多用于磨平面和磨圆珠。

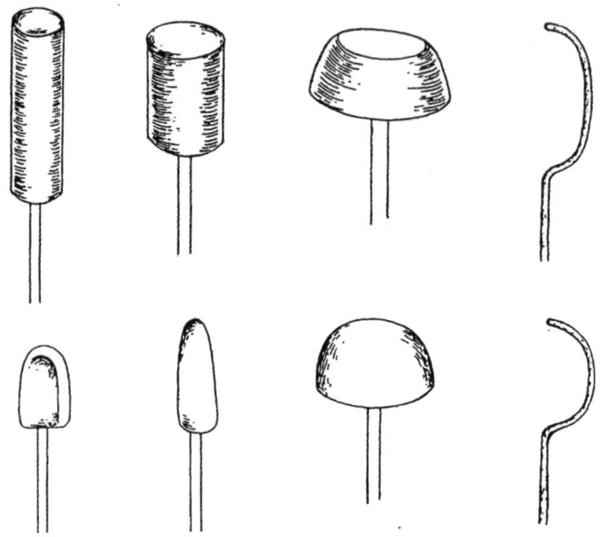

图5－3　轧铊、镗铊弯子式样图

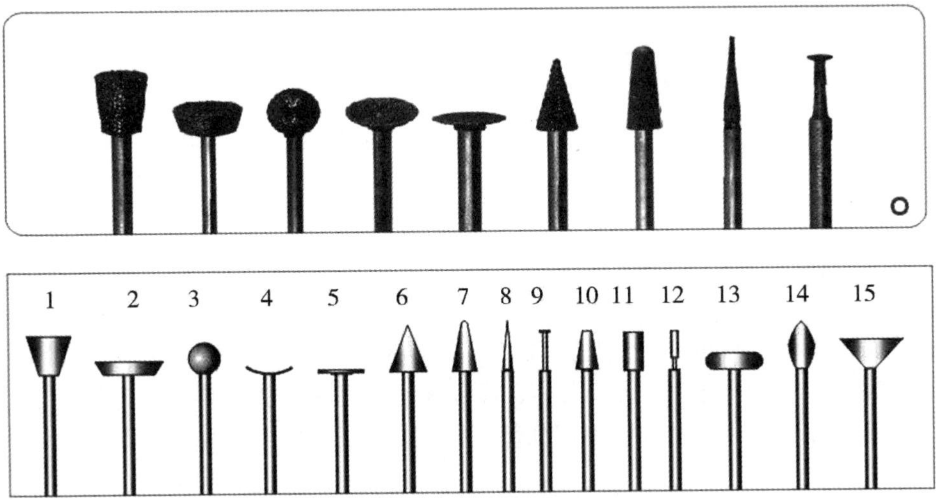

图5－4　钻石粉磨头

第二节 切割工具

钻石粉工具又称为人造金刚石工具或人造金刚石磨头。

钻石粉工具在形状，规格、功能与铁铊完全一样，只是在主要工作面上镀上一层钻石粉。因此，钻石粉工具只是磨料与铁铊结合在一起，使用时更加方便，不必随时添加金刚砂浆。

钻石粉工具的磨削功能全在于镀上的那一层很薄的钻石粉。待钻石粉被磨得很少时，钻石粉工具便不能用了。

钻石粉工具不能像铁铊那样能用钢锉进行修理，所以形状较多，规格较严，安在机器上便能使用。

一、钻石粉铊片

钻石粉铊片，又称为人造金刚砂锯片。其形状为圆形片状，中部有圆孔供安装用，钻石粉镀在边沿的两侧。根据钻石粉在边沿分布的状态，钻石粉铊片有四种不同的制式：

1. 全粉式

又叫整边式，是指钻石粉均匀地镀在铊片边沿环状的凸边上，铊片的外沿无缺口。这种全粉式铊片的规格是以外直径和孔直径为标准的。其规格如表 5－2 所示。

表 5－2　全粉式人造金刚石圃锯片

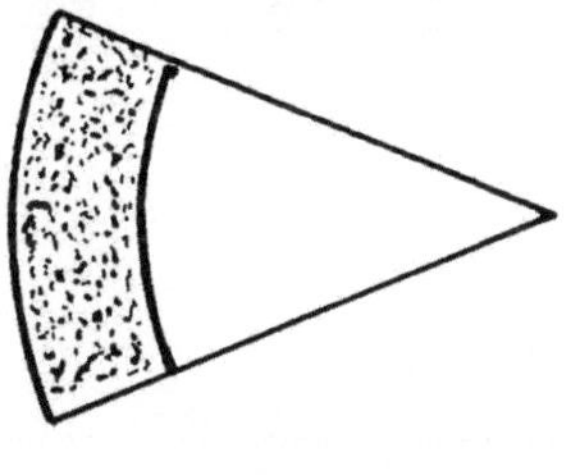

示意图

外径×孔径	基片厚度	工作层长度	金刚石晶型
φ120×12（20）	1	7	JR_1
φ120×12（20）	1	7	JR_2
φ120×12（20）	1	7	JR_3
φ150×20	1（1.5）	7	JR_2
φ150×20	1（1.5）	7	JR_2
φ200×20	1（1.5）	7	JR_2
φ200×20	1（1.5）	7	JR_2

2. 节块式

又称为开口式，是将铊片的周边开成若干个缺口，使铊片的周边形成节块状，钻石粉就镀在节块上。开缺口的目的是为了玉石屑能及时从锯口上带出。节块式铊片的规格一般较大。主要用于特大块玉料的分割。其规格如表 5－3 所示。

表 5－3　　节块式人造金刚石圆锯片

示意图

外径×孔径	基片厚度	锯齿长度	金刚石晶型	锯齿数目（个）
φ105×12	1		JR_3	8
φ150×20	1.2		JR_3	10
φ200×20	1.4		JR_3	12
φ250×2×50	1.5		JR_3	16
φ300×21×32（50）	1.6	40	JR_3	20
φ350×50			JR_3	24
φ400×50			JR_3	28
φ450×50			JR_3	32
φ500×50			JR_3	36
φ600×50			JR_3	42
φ700×50			JR_3	50
φ900×50			JR_3	64
φ1000×50			JR_3	70

3. 镶齿式

是先将钻石粉与铜制成“U”字形的“齿”，再将“齿”均匀地，有间隔地压焊在钢质铊片的周边上。其规格是以铊片的外直径和孔直径为标准的。其规格如表 5－4 所示。

表 5－4 镶齿式人造金刚石圆锯片

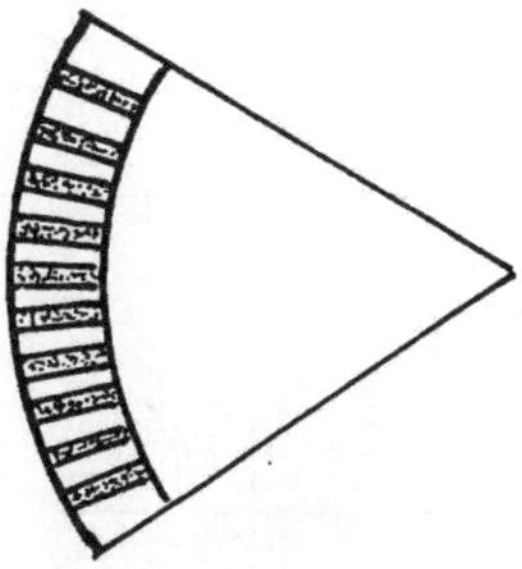

示意图

外径口径	基片厚度	齿　数	工作层长度	人造金刚石晶型
φ300×32	1	200	6	JR_2
φ300×32	1	200	6	JR_3
φ400×32（40）	1.5	280	10	JR_2
φ400×32（40）	1.5	280	10	JR_3
φ450×25（32）（40）	1.5	320	10	JR_2
φ450×25（32）（40）	1.5	320	10	JR_2
φ600×50	2	380	10	JR_2
φ600×50	2	380	10	JR_3
φ850×50	2.5	480	10	JR_2
φ850×50	2.5	480	10	JR_2

4. **沟槽式**

是指在铊片周边的两侧上压出一圈带有沟槽的圆带，在有沟槽的部位镀上钻石粉。其边沿仍然是完整无缺口的。其规格尺寸亦如全粉式。

以上四种制式的钻石粉铊片，主要用于开料和出坯。制式虽有不同，使用上并无差异。只是镶齿式便于修整，当有个别“齿”掉了或坏了时，可以及时换上新“齿”。

二、钻石粉錾铊

现代多称为钻石粉铊片。錾铊应有轴杆，但生产铊片的厂家不作出，只生产铊片部分。因此，钻石粉錾铊还要自己配制轴杆。较大的錾铊片可用螺母和垫片直接固定在磨玉机的接杆上，然后与磨玉机相连。较小的錾铊片可以用铆焊法固定在短轴上。

钻石粉錾铊大都采用全粉式（整式）。其规格可参见表 5－5。

表 5－5　全粉式人造金刚石錾铊规格表

外径×孔径	基片厚度	工作层长度	人造金刚石晶型
ϕ20×4		全	JR_1
ϕ20×4		全	JR_2
ϕ20×4		全	JR_3
ϕ40×6		全	JR_1
ϕ40×6		全	JR_2
ϕ40×6		全	JR_2
ϕ60×6	0.6	10	JR_1
ϕ60×6	0.6	10	JR_2
ϕ60×6	0.6	10	JR_3
ϕ80×6	0.8（0.6）	10	JR_1
ϕ80×6	0.8（0.6）	10	JR_2
ϕ80×6	0.8（0.6）	10	JR_3
ϕ100×8	0.8	10	JR_1
ϕ100×8	0.8	10	JR_2
ϕ100×8	0.8	10	JR_3

第三节　钻石粉小工具

一、钻石粉小工具类型

是指在功能上相当于轧铊、勾铊、钉铊、膛铊的各种钻石粉工具。其形状都先由车床镟出，然后再在工作面上镀一层钻石粉。

其规格，形状多样，功能各异（见表 5－6，表 5－7）。

表 5－6　　钻石粉工具式样及规格表

示意图	规　格	金刚石晶型
棒 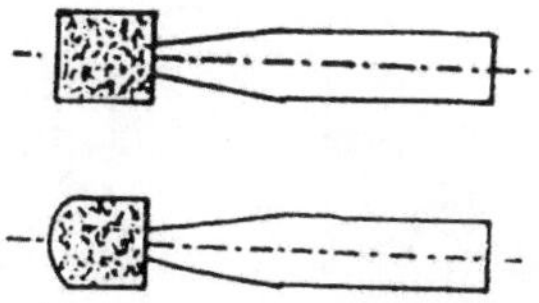	φ20 × 38 棒	JR_2
	φ16 × 28	JR_2
	φ14 × 20	JR_2
	φ12 × 20	JR_2
	φ10 × 20	JR_2
	φ8 × 20	JR_2
	φ6 × 14	JR_2
	φ5 × 10	JR_2
	φ3 × 8	JR_2
	φ2 × 8	JR_2
球 	φ30	JR_2
	φ20	JR_2
	φ15	JR_2
	φ12	JR_2
	φ10	JR_2
	φ8	JR_2
	φ5	JR_2
	φ3	JR_2
	φ1. 5	JR_2
枣核 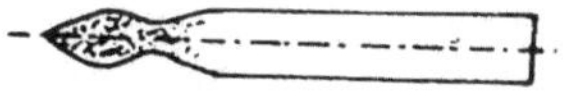	φ10	JR_2
	φ8	JR_2
	φ5	JR_2
	φ3	JR_2
	φ2	JR_2

表 5－7　　钻石粉工具式样及规格表

示意图	规　格	金刚石晶型
精棒 	φ8	JR_3
	φ7	JR_2
	φ6	JR_2
	φ5	JR_2
	φ3	JR_2
	φ2	JR_2

续表 5－7

示意图	规　格	金刚石晶型
针 	φ3.5	JR_2
	φ3	JR_2
	φ2	JR_2
	φ1.5	JR_2
	φ1.0	JR_2
尖头 	φ8	JR_2
	φ5	JR_2
花盆 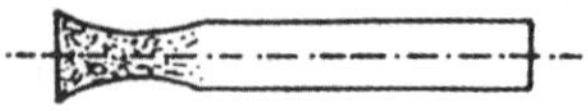	φ5	JR_2
	φ3	JR_2
	φ2	JR_2
钉子 	六寸钉子	JR_2
	四寸钉子	JR_2
	三寸钉子	JR_2
	三寸钉子	JR_2
	特小钉子	JR_2
大混口 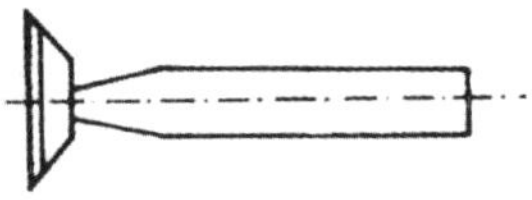	φ9	JR_2
	φ7	JR_2
	φ6.5	JR_2
平口 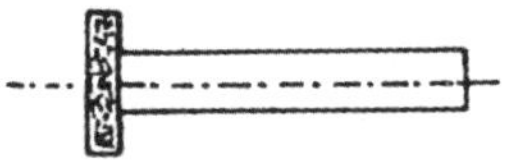	φ40×4	JR_2
	φ40×8	JR_2
	φ30×4	JR_2
	φ30×8	JR_2
快口 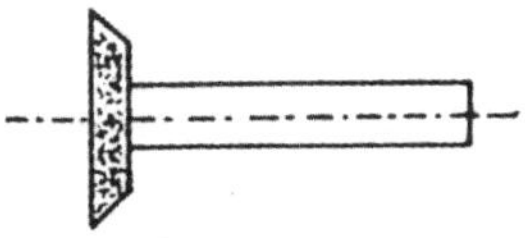	φ20×4	JR_2
	φ20×8	JR_2
	φ10×4	JR_2
镗锤 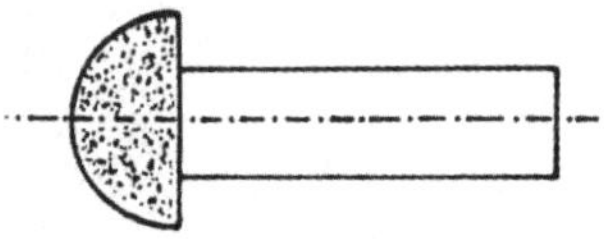	φ55	JR_2
	φ50	JR_2
	φ45	JR_2
	φ40	JR_2
	φ35	JR_2
	φ30	JR_2
	φ20	JR_2

续表 5－7

示意图	规　格	金刚石晶型
勾铊 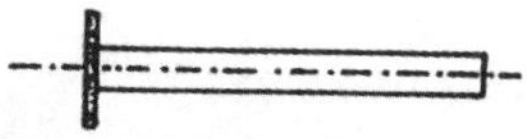	四寸勾铊	JR_2
	二寸勾铊	JR_2
	小勾铊	JR_2
	特小勾铊	JR_2
掏料刀 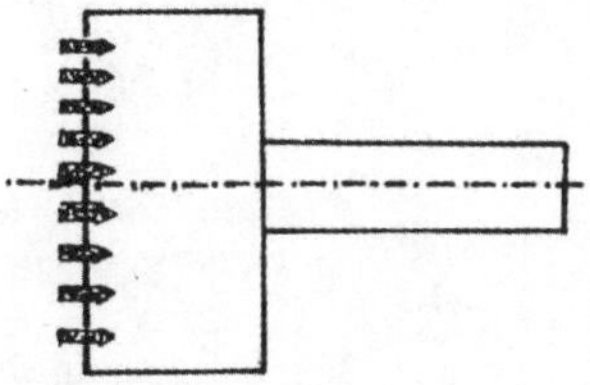	φ37～φ40	JR_3
	φ37～φ40	JR_2
	φ57～φ60	JR_2
	φ57～φ60	JR_3
	φ16～φ17	JR_3
	φ16～φ17	JR_2
	φ12～φ15	JR_2
	φ15～φ16	JR_3

二、钻石粉工具使用规则

（1）锯片应为直线运动，并无偏斜跳动，切割机轨道的直线和平行度允差不超过0.04mm/M，主轴的轻跳和轴向跳动允差不超过0.04mm。

（2）主轴与锯片内孔应配合良好，主轴直径应小于锯片孔径0.025～0.03mm，法兰盘直径应不小于锯片直径的1/4。

（3）进刀速度和线速度应为20～35米/秒。

（4）在切割时，冷却水拉力应大于1kg/cm^2，并注意冷却水一定要加在切口处。因为1/10秒断水，工作层表面人造金刚石即被碳化。

（5）进刀时速度要均匀，退刀和出刀时线速度要放慢。

（6）锯片一经使用后一定要按照使用方向旋转切割，严禁来回倒转，以免损坏金刚石锯片。

（7）在进刀过程中，严禁切割材料与刀片相撞。

第四节　抛光工具

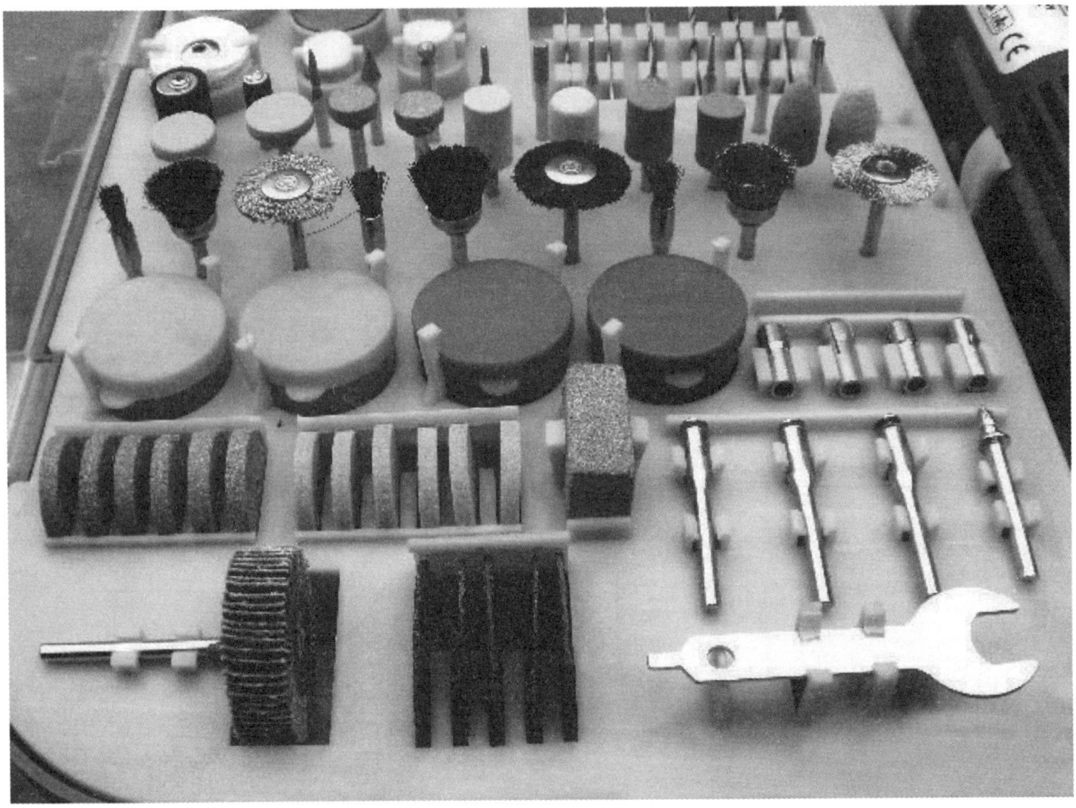

图 5－5　玉石雕刻的抛光工具

抛光的方法可分为机械轮磨抛光和手工擦磨抛光两类，抛光工具的种类十分丰富。抛光工具的选用很重要，虽然抛光效果与抛光粉的种类有关，但也与抛光工具的种类与结构有类。抛光效果不佳时，改换抛光工具也常能奏效。

一、机械抛光工具的种类

机械抛光是以机械为动力，带动轮状、盘状、鼓轮状等工具旋转，使随时加入的抛光剂能和玉石制品表面进行擦磨。因此，机械抛光主要是以轮磨方式进行抛光的，机械抛光工具的主要形状都是圆形的。

1. 胶　碾

胶碾，又叫“胶铊”，是用特殊的抛光胶制成的、形状各异的抛光用磨头。抛光胶的主要成分是虫胶和抛光粉，故胶碾就是虫胶微粉砂轮。中国玉雕使用胶碾的历史非常久。在人造碳化硅微粉问世之前，多采用天然产出的钢玉粉。现代则多使用 280 号、400 号碳化硅或碳化硼。也可根据需要选用更细的抛光粉。

胶碾是抛光粉与工具的结合体，质地强韧而表面又够软，不仅有优良的抛光性能，而且制作方法简便，是一种实用方便，用途广泛的抛光工具。

制作方法是先将碳化硼放在薄铁片上加热至足以融化虫胶粉为止，然后分数次加入虫胶粉并搅拌均匀。待其稍凉后可如揉面般的折叠数次，使碳化硼能均匀地混合。最后压制成砂轮状，中心孔可用热铁条贯穿而成。亦可用加热法，使虫胶与碳化硼混合物沾在抛光机的轴杆上，乘热捏成球状、棒状。在慢速旋转中用碳化硅条将其打磨成最终形状。

2. 木　铊

木铊，是用木材车镟成盘状、轮状、鼓轮状的抛光工具。木铊本身并无抛光作用，因有些抛光粉依附在木材的鬃眼里，随木铊转动时对玉雕产品产生抛光作用。因此鬃眼较大的木材都可以用来制作木铊。

由于抛光工具是在潮湿条件下使用的，木铊会因潮湿而弯曲变形。为降低木铊的吸水性，要对木铊作浸蜡处理。

木铊价格低廉，加工制作也很容易，抛光性能也很好，对那些有剥蚀性的宝石，玉石进行抛光尤佳。对一些高硬度的玉石，宝石进行抛光其效果也优于其他工具。因此，木铊早就被国内外玉雕行业和宝石行业所采用。

木铊抛光工作面的形状是多样的：抛平面时，抛光面是平整的；抛凸面形体时，抛光面是呈不同曲率的凹面。

不过木材的材质有硬、软之分，因此在使用上略有不同。

硬质木铊即选用材质较硬的木材镟制成的木铊。使用硬质木铊时，抛光粉应用油或滑脂调制。这样的配伍最宜抛光硬度较高的玉石制品。

软质木铊即用软质木材制成抛光面层的抛光轮。因为软木较软，牢固性差，故将 8 ~ 10 毫米的软木板粘贴在金属铁盘上。这种用软木制成的木铊最宜用来抛光剥蚀性的玉制品。

3. 皮　铊

即将皮革蒙在特制的金属盘架或硬木盘架上，使之如同鼓的一侧。任何皮革均可使用。

皮铊可用于抛光任何玉石和宝石，对有剥蚀性的玉石抛光，效果尤佳。抛光粉以用氧化铬、红宝粉较好。皮铊的抛光效果优于毡轮。

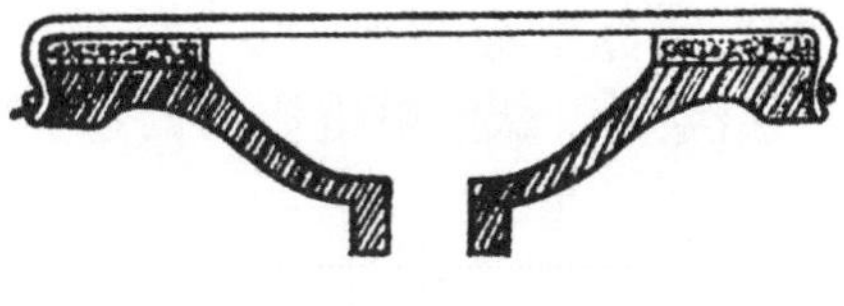

图 5－6　皮铊结构示意图

皮铊可用薄层皮革，或 3 毫米左右的厚皮革。蒙皮面时，一般将皮革光面作为抛光面。薄皮革的适形性好，适宜抛光凸面的玉制品及首饰，厚皮革的适形性差，抛大平面时较好。

4. 毡　轮

毡轮有实心毡轮和蒙面毡轮两种。

实心毡轮采用好羊毛压制而成。尺寸较大时须使用法兰盘。

毡轮使用时，转速不宜快。因为转速较高时，抛光粉会因离心作用而散失，抛光效果反而不佳。

毡轮易吸尘土，尘土会影响抛光效果。保存时应当保持清洁。此外一个毡轮也不宜改换所用抛光粉的种类。

蒙面毡轮即将厚羊毛毡用热水浸泡 10 多分钟后，将其钉压在馒头形状的木轮上。

图 5－7　蒙面毡轮结构示意图

5. 布　轮

布轮为传统抛光工具。因布较软，故在高速旋转中才能发挥抛光效果。但因转速较高时，抛光粉将会因离心力而散逸，而且玉制品也易被甩出，使用时需注意。

6. 刷　铊

用毛鬃制成，用于去糙、刷亮。

7. 葫芦铊

用老葫芦干后的硬壳制成，用于抛光。

8. 皮　条

即较厚的马皮条。用时割取 3～5 毫米见方，长度为 30～40 毫米的一段，一头夹在机器上即可。机器转动时，皮条亦会随之转动。可利用这种转动来带动抛光粉。这种抛光法主要用于无法使用轮磨工具的部位。

9. 蜡抛光盘

蜡抛光盘是指用蜡覆盖的抛光盘，专门用于硬度极低的宝石或玉石制品的平面抛光。

蜡抛光盘的制作　蜡抛光盘的盘芯以 8 ~ 10 毫米厚的铝板制作为宜。一般剪成 8 ~ 12 英寸大小，工作时作水平旋转。工作面应车镟平整光滑。将铝制盘芯微微加热至能熔化蜂蜡时，将蜂蜡涂上，待全部熔化时，将一块质地紧密的厚布，剪成圆形，轻轻蒙上，用手抹平。然后再在布表面涂抹少许蜂蜡，使蜂蜡与布均匀地结合在一起。冷却后，将此蜡盘放在机器上。开机使其旋转。用极平坦的金属块压磨已涂好蜡的布表层。目的是使布与铝盘紧紧相贴。在表面完全平整后，可在蜡盘表面涂上抛光粉。便可用于抛光。

10. 锡面抛光盘

即将纯锡熔化后，撇去表面浮渣，倒置在 6 ~ 8 毫米厚的铝圆盘上。凉后，用小刀沿半径方向切划出小道，用以存抛光粉（图 5 -8）。

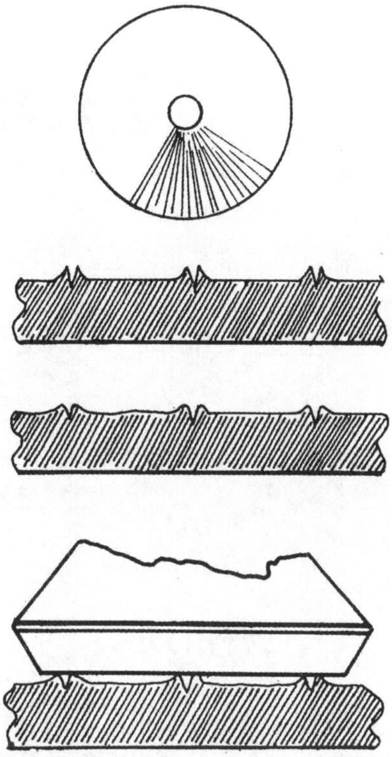

图 5 -8

复习思考题

1. 雕刻中主要使用铊具？各有什么工艺用途？

2. 钻石粉铊片有哪几种不同制式的产品，各有什么特点？

3. 抛光类工具有哪些？各适用于抛光哪些类型的产品？

第六章　玉雕常用辅料

辅料，通常是指除玉石材料之外必须使用的各种材料，它们可能不构成产品的结构，只在制作过程起辅助作用。而碳化硅、碳化硼等磨料，氧化铁、氧化铬等抛光粉，实际上是起主要作用的。可以说，没有磨料和抛光粉，就没有玉雕工艺，但在习惯上仍称为辅料。

第一节　磨　料

一、磨料的分类

磨料，是指硬度很高，能对各种玉石材料起磨削作用的粉状材料。磨料可分为天然磨料和人工合成磨料。磨料的分类和种类如下：

- 磨料
  - 普通磨料
    - 天然磨料——刚玉、石英等
    - 人造磨料
      - 棕刚玉、白刚玉、铬刚玉、
      - 单晶刚玉、微晶刚玉、镨钕刚玉等
      - 黑碳化硅、绿碳化硅、碳化硼等
      - 氧化铬、氧化铁、氧化镁
  - 超硬磨料
    - 天然金刚石
    - 人造金刚石
    - 立方氧化硼

一般来说，人造磨料比天然磨料（天然金刚石例外）品质纯、硬度高、性能好。因此生产中主要采用人造磨料来制造各种磨具。

二、磨料的粒度及选用

粒度是指磨料颗粒的大小，即粗细程度。为使用方便，将大小相近的颗粒，按一定尺寸范围分级，用粒度加以表示，称作磨料的粒度号。有 4# ~ 240#及 W63 ~ W0. 5，习惯上，将 4# ~ 240#称为磨粒类磨具（共 27 个级别），以筛分法测定其粒度。将 W63 ~ W0. 5 称为微粉类（磨粉）磨具（共 14 个级别），以显微镜分析法测定其粒度。我国磨具的粒度及其对应的尺寸（GB2477—83）可从表 6－1 中查阅。

表 6－1　　磨料粒度表

类别	粒度	颗粒尺寸范围（微米）	
		新标准	旧标准
磨粒	4#	5600～4750	
	5#	4750～4000	
	6#	4000～3350	
	7#	3350～2800	
	8#	2800～2360	3150～2500
	10#	2360～2000	2500～2000
	12#	2000～1700	2000～1600
	14#	1700～1400	1600～1250
	16#	1400～1180	1250～1000
	20#	1180～1000	1000～800
	22#	1000～850	
	24#	850～710	800～630
	30#	710～600	630～500
	36#	600～500	500～400
	40#	500～425	
	46#	425～355	400～315
	54#	355～300	
	60#	300～250	315～250
	70#	250～212	250～200
	80#	212～180	200～160
	90#	180～150	
	100#	150～125	160～125
	120#	125～106	125～100
	150#	106～90	100～80
	180#	90～75	80～63
	220#	75～63	
	240#	63～53	63～50

续表 6－1

类　别	粒　度	颗粒尺寸范围（微米）	
		新标准	旧标准
磨粉	W63		
	W50		
	W40	63～50	40～28
	W28	50～40	28～20
	W20	40～28	20～14
	W14	28～20	14～10
	W10	20～14	10～7
	W7	14～10	7～5
	W5	10～7	5～3.5
	W3.5	7～5	3.5～2.5
	W2.5	5～3.5	2.5～1.5
	W1.5		1.5～1.0
	W1.0		1.0～0.5
	W0.5		0.5～更细

磨料和抛光粉可用水或油调成浆状直接使用。也可做成涂附磨具，如砂布、砂带、镀钻粉工具等。还可以做成固结磨具，如砂轮、油石、磨头、砂瓦等。

三、天然磨料

天然产出的磨料，史书上称为“解玉砂”。玉雕行业则称为“砂子”。大约在20世纪50年代之前，我国的玉雕行业一直使用天然产出的“解玉砂”。

“解玉砂”是天然产出的、硬度很高的各种矿石砂。在玉雕行业中所使用的“解玉砂”质地、名称、产地和品种也不一样。如剖石采玉时用的是“黄砂”，即石英砂；雕刻时使用的是“红砂”，即石榴子砂；抛光用的是产自云南“红宝石粉”。据载，在历史上“解玉砂”的重要产地有：酒泉、真定、玉田、顺天、邢台等。

天然产出的各种矿砂，大小不一，质地不纯。使用时，要进行分选。

传统的分选工具是大铁锅、水、各种不同网目的筛子（俗称“罗”）。将“解玉砂”放入普通的大铁锅中，注入水。然后用木棒搅拌，略等几分钟后，将泥水排出。又注入清水，如此数次，可将泥砂排尽。待泥砂排尽后，用木棒搅拌几下后，便用木棒轻击锅边，使铁锅产生振动。过一会，最粗的砂子便会沉入锅底，可及时捞出，放一个盒里。再继续敲击铁锅，过一会儿，又可捞出较细的砂子。如此重复，便可粗分出几种粒度不同的砂子，然后进行细分。将粗分好的砂子倒入一个筛子中、同时放入盛水的铁锅之中，轻轻摇晃，细砂便漏至锅底，粗砂留在筛中。将漏入铁锅中的细砂放入另一个网孔更小的筛子里。又重复上述过程，就可在筛子中得到某一粒度的砂子。只要用上述方法细分，便可以得到各种粒度、适合于各种用途的砂子。

用过的“砂子”也采用这种方法进行筛选。因为“砂子”有一定的脆性，在磨削玉石的过程中，会裂成粒度更小的“砂子”。最细的“砂子”可用于抛光。

四、人工合成磨料

人工合成磨料，是用人工合成的方法生产出来的磨料，一般地说来，人造磨料比天然磨料（天然金刚石除外）品质纯净、硬度高、性能好、来源方便。因此，人工合成磨料很快地取代了天然磨料。

我国制造人工合成磨料的历史晚于国外，但有史料证明，在清朝乾隆二十八年前已能生产人工合成磨料——“火镰片”。清廷造办处档案记载：

“此瓮，初付工琢，按常时宝砂、璞石摩制法，计之，须二十年乃得蕨事。玉人有请秦中所产钢片，雕镂者试之，殊利捷。自癸未（乾隆二十八年）讫己丑年（乾隆三十四年）正月，阅六年而成，程工省十之七。”

这里“秦中所产钢片”，据清廷内务府造办处档案所载，即今山西所产之“火镰片”。此记载出自清廷档案，而非一般野史笔记，可靠性自当无可怀疑。故我国人造磨料的历史当不晚于1772年。

现在，我国人造磨料发展得很快，已成为一门独立的磨料行业。能生产刚玉、碳化物、超硬磨料三大类，十几个品种，在国民经济中起着重要的作用。

磨料用作磨削加工，应具有很高的硬度、热稳定性和化学稳定性，并具有一定的脆性。由于磨料的硬度比被加工的玉石材料的硬度高得多，因此磨料能顺利的磨削，加之磨料热稳定性好，能在高温下不失切削性能；同时又有一定的脆性，在磨削力作用下能自身碎裂更新它的切削刃，以保持磨粒的锋利。

1. 碳化硅

碳化硅，又称为“人造金刚砂”。分子式是SiC。是将石英砂（主要成分为二氧化硅）与焦炭混合，并加入少量木屑和食盐，放置电炉中加热至1800℃生成的。

纯碳化硅是无色结晶体，但很少见到。常见的碳化硅因混有杂质，故多呈黑色、绿色、灰色。碳化硅的硬度很高，仅次于金刚石。耐高温、耐酸。

2. 碳化硼

碳化硼，是由三氧化二硼和沥青焦的混合物，放置电炉中加热至2800℃生成的。碳化硼的硬度也很高，仅次于金刚石。

3. 金刚石

磨料硬度极高，棱角锋利，导热性好，切削性能优良，是理想的磨料，但因价格昂贵，使用面不广。立方氮化硼是近几年研制成功的优质超硬新磨料，其硬度近于金刚石，热稳定性优于金刚石，并具有较好的化学惰性，磨削性能很好，特别适合磨削既硬且韧的特种钢材，如耐热钢、高钒、高钼、高钴合金钢等，其磨削效率比金刚石高五倍，比刚玉类磨料高近百倍。

表 6-2　　我国常用的磨料品种表

系列	名称	代号		特征
		老	新	
刚玉	棕刚玉	GZ	A	棕色
	白刚玉	GB	WA	白色
	单晶刚玉	GD	SA	浅灰色、淡黄色、单晶
	铬刚玉	GG	PA	粉红色
	微晶刚玉	GW	MA	棕黑色、聚晶
	镨钕刚玉	GP	ZA	白色
	锆刚玉	GA	C	褐色、微晶
碳化物	黑碳化硅	TH	GC	黑色、玻璃光泽
	绿碳化硅	TL	BC	绿色、玻璃光泽
	碳化硼	GP		黑色、带金属光泽
超硬磨料	人造金刚石	JR		
	天然金刚石	JT		
	立方氮化硼	DL	DL	

第二节　抛光粉

抛光粉，是专门用来抛光玉石和宝石制品的。各种宝石和玉石要采用相应的抛光工具和抛光粉。

一、抛光粉的主要品种

1. 氧化铁抛光粉

氧化铁抛光粉为红色粉状，俗称“红粉子”、“红土子”、“铁氧红”等。化学成分为三氧化二铁，分子式：Fe_2O_3，质稳定，不溶于水。溶于盐酸，易污染衣物、用具、手指等。

2. 氧化铬抛光粉

氧化铬抛光粉为绿色粉状，俗称“绿粉子”、“铬绿”。化学成分为三氧化二铬，分子式：Cr_2O_3。易污染衣物、用具、手指等。其颗粒不太均匀，易在玉石制品上留下擦痕。氧化铬光粉缺点是不易清洗掉，因而有人用草酸清除，故给玉件造成表面的腐蚀。虽经上油打蜡后，短时不易发觉，但时间一长后，玉石受损表面则光泽尽失，其灰白色的腐蚀层，如雾状呈现遮蔽玉石颜色，形同退色。故于中高档玉料抛光，绝对要避免采用。

因其色为深绿，尤宜抛光翡翠制品，不宜抛光浅色或带有小裂绺的玉石制品。

3. 天然钻石粉

天然钻石粉是将自然界中产出的低档钻石压成粉末，按粒度粗细分号，粗者为磨粉，细者为抛光粉。宜选用3200～6000目的微粉。

4. 氧化铝抛光粉

氧化铝抛光粉的种类较多。“矾土粉”、“蓝宝石粉”、“红宝石粉”、“人造红宝石粉”其化学成分均为氧化铝。

氧化铝抛光粉大都是白色粉末状，不溶于水。抛光效果很好，广泛地用于玉石、宝石、金属的抛光。

红宝石粉系用人造刚玉压碎成粉末经精密筛分而成，颜色为粉红色。故称为红宝石粉，抛光效果尤佳。

5. 二氧化钠

二氧化钠为粉红偏黄色粉末。易溶于浓酸不溶于稀酸，为稀土抛光粉，尤宜抛光水晶制品。

6. 二氧化硅

化学成分与水晶相同，颜色有白色或浅黄色两种。抛光性能较好，广泛用于玛瑙及各种玉石制品的抛光。

7. 二氧化锡

俗称氧化锡。用于抛光的微粉质地不纯，质量不稳定。纯度较高的二氧化锡微粉为奶油白色，加水后立即散开。

8. 二氧化锆

为红棕色的粉末。抛光性能与二氧化铈相同。

9. 碳化硅

宜选用特细的微粉。

10. 碳化硼

宜选用特细的微粉。

二、抛光粉的正确使用

抛光粉的正确使用有二点：

1. 正确地选用抛光粉

不同的抛光粉与相应的抛光工具配伍，可产生较佳的抛光效果。不同的抛光粉对于不同的玉石制品也有不同的抛光效果。因此，熟悉每种抛光粉的特点很重要。

2. 分类存放，分号使用

各种抛光粉性能是不同的，存放时要分门别类，不宜混淆错乱，也不宜有异物粉尘混入。

另外，即使是同一种抛光粉也有粒度上的不同。抛光时应先用较粗的，后用较细的，最后用最细的微粉。因此，应当分号存放，在换细微粉时，应将有关工具、玉石制品洗干净，才能保证抛光的工作质量。应当知道，在细微粉中哪怕混有几粒粗粉，都会在玉石表面留下不易除去的擦痕，影响抛光的效果。

复习思考题

1. 什么是磨料？人工合成磨料有哪些品种？
2. 抛光粉的主要品种有哪些？
3. 如何正确使用抛光粉？

第二篇
玉雕工艺与技术

概 述

研究雕刻技艺应当从两个方面入手：一是研究形象的特征，即解决做什么的问题；二是研究雕刻的基本方法，即解决怎样做的问题。然而，在具体实践中，总是研究形象的特征时多，而很少研究雕刻的基本方法。教者是如此，学习者也是如此。加上玉雕所表现的形象非常之多，每一类玉雕工艺品都有特定的表现形式及造型特点，已形成专门的制作工艺技术，所以，玉雕难学的观念一直在困扰着每一个学习者。

本编以介绍玉雕制作工艺技术为主，即以研究雕刻的基本方法为主，目的是想从方法论的角度让读者把握玉雕工艺的实质。

在具体地研究各类玉雕工艺品的制作工艺技术之前，我们有必要先抛开各种具体的雕刻对象，不去想各玉雕工艺品的特殊制作工艺，也不涉及对付各种玉料的特殊方法，而把注意力先集中在玉石雕刻的基本方法上。

由于玉雕工艺品的制作工艺可分为首饰石、圆雕、浮雕三大类，所以，在本编的前两章里先分别对圆雕和浮雕工艺的雕刻方法、步骤、原则、工具的选用规律进行探讨。这样做，一是可以建立一套大家都能理解的术语，从而对雕刻工艺过程中的每一个阶段的状态进行准确无误的表述。二是可以雕刻工艺理论的高度来把握玉雕的实质内容。三是可以简化叙述的层次，在论述各类玉雕工艺品的制作工艺技术时不至于出现屡屡重复的介绍和分析。

在介绍各类玉雕工艺品的制作工艺的各个章节中，仅偏重于介绍相关的知识和特殊的工艺方法。对带有共性的雕刻工艺原理、步骤、原则等内容则不再作介绍。为此，请读者注意参考本书有关章节的综述内容。

玉雕制作工艺的另一个重要内容是对玉雕工艺品造型特征的把握，因为玉雕工艺品的造型原则上是式样化的、类型化的。这一部分知识我们在本书的姊妹篇——《玉雕工艺品实用设计》进行了介绍。在本书中就不过多涉及。

第一章　玉石圆雕工艺与技术

在这一章里，我们只研究玉石圆雕工艺技术中带有共性的有关问题。

按工艺流程，玉石圆雕工艺可分为工艺设计、坯工、细工、精细修饰、抛光五个工艺流程。

第一节　工艺设计

工艺设计，是指在具体的玉料上如何落实设计师的设计构思，它包括如何领会设计师的意图，采用何种表现形式写实？或是仿古的程式化手法？如何开始制作，如何用料等一系列具体的问题。

在玉雕工艺品的制作中，设计是由专职的设计师来担任的，制作者是不考虑玉雕工艺品的设计问题。虽然在设计师的艺术构思中已有工艺设计的内容，但制作者仍要进行工艺设计。因为玉雕工艺品的制作是一种在玉石材料上直接进行雕刻的技艺，雕刻工作的直接性，玉石材料被加工后不可复原性，玉雕造型的具体性和形象性，都要求制作者能够像中国画家作业那样——“意在笔先”、“成竹在胸”。制作者不仅要能看懂设计师在玉料上所作的种种雕刻加工符号，而且还要求制作者在雕刻之前就在心中把设计师的设计意图变成具体而细微的玉雕形象。所以，不能把设计师的工艺构思和制作者的工艺构思等同起来。尽管到目前为止，玉雕工艺设计的表面形式——勾样，是由设计师主持的，但制作者仍然要在雕刻工艺实施之前进行工艺设计，并非是按道进行加工就行的。

工艺设计不同于设计师的艺术构思。工艺设计是由制作者进行的，其内容通常是具体的、细致的。主要内容有如下几条：

一、领会设计师的艺术构思

制作者应当领会设计师的艺术构思。因为造型美、工艺美、材质美是玉雕工艺品赖以生存的基础。所以，玉雕设计师非常重视玉雕的艺术设计，力求使每一件玉雕工艺品成为具有独创性的艺术作品。制作者应当全面地理解设计师的设计意图，并把它们反映在作品的制作过程之中；如果不这样做，就会顾此失彼，难以制作出艺术水平较高的玉雕作品来。

二、把握题材的特定内容和这类产品在表现形式上的特点

把握题材的特定内容显然是非常重要的。很难设想，不知道“八仙”题材为何物的制作者，能雕刻出生动有致的“八仙”形象。

所谓“把握这类产品在表现形式上的特点”，是指玉雕在制作这类产品的必须采用的制式和规范要求。比如，制作“对马”，是讲制作两匹大小相同，动作互为轴对称关系的玉雕马，并不是做二匹任意动作的玉雕马就行的。又如，制作一套“八仙人物”，就应当符合“套活”的要求——8 个人物的动态可分为四组，在每一组中，每两个人的大小相同，动态互为轴对称关系。如果制作者不注意这个问题，就很难符合“套活”的要求，虽然每一件产品看来都很好，但是因为大小规格上有出入而难于配上“套”。

掌握这类产品在表现形式上规范要求也是很重要的。比如，制作一件“妃戏鹦鹉”，杨贵妃的形象、服饰和姿势必须原则上符合玉雕仕女的形象规范，如果任意做则不符合玉雕技术规范。

三、用体积的艺术语言，把玉雕造型概括为几个体积块面的组合

运用体积的艺术语言，把玉雕造型概括为几个体积块面的组合，是玉雕工艺的基础。在使用体积的艺术语言中，应当排除各种形像在细节方面的特征，用尽可能少的体块来概括玉雕造型的各个部位及动势。

四、考虑玉雕造型在玉料中的实际位置

玉雕的勾样只能在玉料表面上进行，因而很难准确无误地表示出玉雕造型的空间位置。为了提高雕刻时的准确性，制作者应当准确地把握玉雕造型在玉料中的实际位置。为此，制作者应当在运用体积的艺术语言的基础上，多从玉料的正面、侧面、俯视面来把握玉雕造型的实际位置。如果能够确定出玉雕造型的各部位在玉料中的实际位置，那么就能够确定出符合自己的习惯的加工余量。对哪些体块的加工应当“吃线”，对哪些体块应当“放线”，哪些体积块应当推落至多深，哪些体块应当扭转……都要做到心中有数。

五、确定雕刻的具体步骤

在工艺设计时，应当对玉雕造型进行分析，确定出先做哪一部位、后做哪一部位，怎么才能安全保活，怎样才能使玉料具有修改的余地。总之，要对雕刻的全过程做到心中有数，才能开始雕刻。

以上所述的五项基本内容是制作人员在工艺设计阶段必须掌握的内容。当然，对于每一个具体的制作人员来说，由于艺术素质不同，实践经验不同，在把握上述五项基本内容时会有“功力”上的不同。因此，在认识模糊时只有借助于设计人员多次的勾样，

凭藉墨道所示的位置来继续完成雕刻作业。但上述五条原则是应当把握的，虽然开始时不一定能把握好，但应当有意识地去把握，这是雕刻工艺技术的基础。如果设计和制作不是一个人完成的话，那么制作者应该与设计人员，多次沟通，领会其设计精神及表现手法，以求得最佳效果。

工艺设计虽然不同于最初的设计，但它同样是一种富有创造性的劳动。我们说某个人的技术水平高，很大程度是指其工艺设计的水平高。工艺设计水平的高低，往往与操作者的实际经验多少有关。工艺设计水平高的人，可以将原设计稿做得更加完美；工艺设计水平低的人，却只能把原设计稿做走了样。每一个操作者都要重视工艺设计经验的不断积累。

第二节　坯工工艺

坯工就是按照设计意图和玉雕工艺规范，利用各种工具将玉石材料雕琢至玉雕造型基本上被确定的程度。因此，坯工工艺主要是解决玉雕产品的造型问题。随着玉雕造型的被确立，就可以转入细工工序了。

玉雕造型的被确立，是制作者不计其数次雕刻加工的结果。在玉雕造型的形成过程中，玉料的形态在不断地发生着变化，并且是一点一点地接近我们所期望的艺术造型。随着雕刻的进展程度，制作者的工艺目标也在发生着变化。因此，我们可以把这种种不同的工艺目标作为划分工艺步骤的依据。

坯工工艺可以分解为如下几个步骤：

切块分面——平底——二次画样——推落派活——首次修整。

一、切块分面工艺

切块分面　又叫“去大料”、“去荒料”。切块分面是根据这一阶段的工艺目标，或者说是这一阶段雕刻的目的而取的名称。

在这一阶段里，制作者的目的是：

1. 确定玉雕造型的影像轮廓

通常是用铡铊或錾铊将轮廓线以外的余料去掉。顺序是先去大料，后去小块；先去前面（正面）料，少去或暂不动后面的料。通过切块（即切割去与影像轮廓无关的玉料）使玉雕造型能以几何形体的方式显现出来。

2. 确定代表玉雕造型

各部分的体积块面的大致形状，扭转方向和各个块面之间的高度差（又称为前后位置或体积块面的榫结关系）。通过分面，玉雕造型虽然还是以几何形体的方式存在着，但玉雕造型的空间关系已被确立。

在切块分面阶段，雕刻者应当对各种造型上的细节“视而不见”，应当把复杂的玉雕造型归纳为几个形状简单的几何体块，并着重考虑这几个体积块在空间的相互关系。

比如，做一件玉雕持花仕女，就可以把仕女的主要结构和主要动态用四个体积块——头、胸、腹至膝、膝至足——来表示。经过切块和分面加工，待主要结构和主要动态都确定后，才能去考虑各的具体结构。这种方法并不难掌握，只要不去理会那些易于初学者“担心”或“重视”的细节，实际上世上的万物都可以用几种基本形状来代表。只要我们在实际雕刻中，把学习素描时所掌握的人体各种块面关系运用过来，就能很快地掌握切块分面的基本方法。

从玉雕的实际操作来看，每一次用铡铊或錾铊加工玉石所得到的工作面都是一个小平面。如果在“剩活”时有较强的自信心，并能将一个个小平面适当合并，便能很迅速地得到所需的块面形状。各种面的不同方向和高度差，将决定玉雕造型的动态和节奏，也决定造型各部分的榫结关系。在处理块面时，要求形状准确，相对高度差合适。如果不这样就会给以后的雕刻细部的工作增加麻烦，甚至在细部形象做好之后，由于相对位置差不对，还要重新来一遍，影响雕刻的进度。

二、平　底

在玉雕造型的空间关系初步确定后。我们就要进行平底。平底的目的有两个：

1. 可以使玉雕造型的动势符合设计要求

有时造型已符合设计要求，但经过平底还可使玉雕造型的动势更加好看些，这时也要平底。当然，玉雕造型的动势不佳，是由于切块分面不准确才造成的，应当从形体面的空间关系上去进行补救。但是，平底在大多数情况下，都是非常有效的调整方法。

2. 使玉雕造型能摆放平衡

摆放平衡，是任何一件玉雕产品的基本要求。如果一件玉雕产品放在那里，或是东倒西歪、或是前倾后仰、或底面与桌面接触不实、或者根本不能“站”起来，都是不符合玉雕技术要求的。值得指出的是，玉行中人常把上述现象说成是“重心不稳”，这种说法不准确。例如，玉雕摆件“娥嫦奔月”，嫦娥那奔月的动势，就是使重心不稳才形成的。如果一定要求“重心平稳”，那么嫦娥只能是采用正立的姿势。但无论嫦娥的动势多么大，但这件玉雕产品也应当能稳稳地摆放在桌子上。

三、二次画样

为了能继续雕刻，也为了使雕刻更具有准确性，需要在玉料上进行再次勾样。由于经过切块分面和平底，玉雕造型的在空间上的关系已在体上确立。所以，我们可以用毛笔在那些高低起伏的块面上，较准确地勾勒出符合设计意图的雕刻符号——因为这时造型的空间透视关系已经不存在或已经变得非常弱了，完全可以在相应的块面上画出符合设计意图的形象。在这一工艺步骤中，虽说是用笔画，实际上是用大脑进行更加复杂的形象思维。玉雕造型上的细节、特征、各部分的比例、榫结关系、动势都应当纳入视野，甚至连为下道工序留多少加工余量，先做哪部分，后做哪部分，应准确无误，细节不能作过多的省略。当然，根据需要，二次画样可以多次进行，切块分面也可多次进行，但就其意义而言，还是属于二次勾样的范畴。

四、推落派活

1. 推　落

推落，就是向纵深方向推进之意。原本是流行于北方地区的绘画术语，雕刻行业也多沿用。对于雕刻来说，就是要将有些块面或部位挖去一层，使各个块面之间的高度差和榫结关系处于更加合理的位置。

2. 推落的目的

（1）调整好代表玉雕造型的各个相应块面之间的相对关系，使之更加准确，更加具体。调整的内容涉及各个体积块的形状，朝向和各块面之间的榫结关系。

（2）推落的顺序：从上到下，先前面（正面）后背面。先整体后局部。

3. 派　活

又叫安排细部，是玉雕行业述语。是指在相应的块面先很浅地做出具体的形象。也就是说，这种安排细部带有试探性，所勾之线很浅，不合适时可以很方便地修改。

在实际雕刻中，推落和派活是紧密相连的。在许多时候，推落和派活是交替进行的，而且往往要反复进行多次。

五、首次修整

修整就是对大的块面进行更细致的分割，用更多的小块面来概括形象。

修整，也包括对加工面进行光洁度方面的修整。因为是第一次修整，而且以后还要进行几次，故称为“首次修整”。

进行修整的次序要先后面后前面，先俏处后实处。但要留有支柱或修改余地。

六、开脸，做手

如果是人物类产品，应当在这个阶段开脸、做手及手持物。

第三节　坯工工艺的基本工艺原则

在坯工工艺阶段，有五条工艺原则是必须注意和遵守的。这五条原则，是雕刻者的意念和雕刻手法的体现，代表了雕刻者的艺术素质和雕刻者技术的高低。初学者与技术熟练者的区别，就在于对这五条原则的认识、理解和运用上存在着重大的差异。至于怎样才能尽快地掌握这五条原则，只能靠初学者自己在艺术实践中去体会。如果在雕刻的实践中能够逐渐地运用这五条原则，并多观察师傅们是怎样运用这五条原则的，就能迅速地提高自己的眼力，迅速地提高自己的雕刻水平。

一、见面留棱，以方代圆

面是代表形体体积块的主要面。

棱是因面与面相交而形成。凡面与面相交处，都应当有棱。另外，棱，也是指雕刻者出于雕刻的需要，凭藉自己的艺术修养，在具体的形象上假想出来的棱线。这样，在雕刻者的想象中，任何形象都是由一个一个的平面组成的，每相邻的面之间都有一条棱。比如，最初时可以把头看成是长方体，这样便于把握头的动态和方向。

“见面留棱”是讲雕刻者一定要建立面和棱的形体认识。在切块分面阶段是如此，在推落派活阶段和首次修饰时也要如此，在雕刻过程中，总是先将玉料节割成大的块面，然后再将大面细分把体积和块面的认识贯彻到雕刻的始终；只有如此，才能迅速提高雕刻的技艺水平。

雕刻最忌讳没有块面和棱线的认识和感受，在似乎是直觉的驱使下，把玉料剥成他们认为“应当是如此”的形状。比如，做一个圆球体，许多人往往凭自己的感觉，对玉料做曲线加工，结果不是做成了椭圆球，就是修来修去而不够尺寸。有经验的师傅是先将玉料锯成一个正方体。磨去正方体的 8 个角，得一个 14 面形，再磨去原有正方体的 8 条边棱，得一个 26 面形……在渐进的加工过程中，面越来越多，棱线也越来越多，但在事实上也越来越接近球体了，最后，只要将棱线裹圆，就可以得到一个非常圆的球，而且球坯的规格是可以控制的。这种“以方易圆”或者说“先方后圆”的加工方法，是正确运用雕刻中“见面留棱”原则的例子。

“见面留棱，以方易圆”，只是一种手段，只是在雕刻过程中使用的一种方法，是一种在玉料上留下可以引导人们继续进行雕刻的标志。最后还是要去掉这些“棱”和“面”的。但是，不到最后，还是必须保留这些“棱和面”。

二、打虚留实

虚　是形象的某些部位因为动作的缘故而没有呈现出明显的结构，如人体因有衣裙蔽体，从正面看时向后撤的腿就没有明显的结构。这就叫“虚处”。

实　是形象的某些部位因为动作的原故，而呈现出明显的结构。如人向前伸跨的腿，虽有衣裙所挡，但隔着衣服还是能呈现出很明显的结构，这就叫实处。

在雕刻中，“实处”往往处于玉料的最高点和最外点。在雕刻过程中这些实处是应当少动或不动的，而“虚”处才是雕刻加工的重点部位，只有将“虚”处恰如其分地向后推落，“实”处才能鲜明地呈现出来。因此，“打虚留实”是一条很重要的雕刻原则。

三、留料备漏

玉雕产品素来以玲珑剔透的做工著称，但这种特点是在雕刻过程逐步实现的。因此，在切块定位阶段，要留好相应的余料，以防备设计上的遗漏或雕刻过程可能发生的各种意外（裂纹、崩碴、不小心磕碰等）变化。如果不留有修改的余地，一旦出现问题就不好办了。对那些实际上是很坚实的部位来说，也要遵守“留料备漏”的原则。例如，我们在雕刻腰腹部前的衣裙飘带时，在切块定位时就不能先用勾铊抠墙搜边，因为一旦这样做了，就很难再进行“推落”改动了。也就是没有“留料备料”。只要当各部分关系完全确立，才能在适当的工艺步骤中将余料完全去掉。

四、先浅后深

先浅后深是说派活时要先在相应的块面上轻轻地划刻出立体形象的大致轮廓或结构，待检查无误后，才能推落成立体形象。由于开始时吃刀很浅，即使是不合适也能很方便地进行修改，不会伤及玉料。

这是一种很有用的方法。

五、“颈短肩高”

“颈短肩高”是指一种雕刻过程中注意留料的方法，并非指雕刻的效果。

在雕刻过程中，由于形象的部位不同，就产生种种值得注意的部位。例如，人的脖子，就是越做越长的部位，对脸型的细加工和对肩部的细加工，都会使脖子越来越长。因此，要想使脖子合乎比例，那么在开始雕刻时——切块分面阶段，就要有意识地把脖子做得很短，并有意把肩做得高一些。待雕刻到最后时，就不会出现脖子太长的现象。以上只讲了雕刻中一旦长了便不能短的部位。另外雕刻时还一旦大了不可变小的部位，如眼睛和嘴等部位；还有一旦小了不能变大的部位，如鼻子、手、头等。所以，雕刻的对策是按照这些部位的特点作出相反的预防，如，眼是大了不能小的部位，那么雕刻时就先小些，然后再扩大到正常尺寸。鼻子是小不能大的部位，那么雕刻就要先将鼻子做大些，然后再逐渐缩至正常尺寸。总之，是要有预见性，要根据每个部位的特点来决定加工方式和加工余量。

第四节　坯工操作技术

坯工，就是雕刻出玉雕工艺品的初坯，这是决定玉雕工艺品造型的主要工艺。

一、主要工具的用途及使用方法

坯工主要工具有铡铊、錾铊、冲铊、磨铊、轧铊、钉铊、管钻等。所用辅料有多种粒度不同的金钢砂，现代玉雕已多用钻石粉工具出坯。

铡铊是用于切割玉料的主要工具。用铡铊切开玉料称之为“铡”。根据所切开玉料的大小，又有开大料和小料之分。操作方法也不相同。铡料要求按墨线铡开，不偏、不弯、铊口小。

铡开大块玉料时，玉料被牢定在平台上，铡铊凭自重往下给力，一般定位准确即可。

开小料是左手拿料对准运转的铡铊，向上给以托力，并保持垂直平稳，右手抓砂，砂要用水调合适当，以能攥成团为合适，砂在右手中不断地团攥接触铡铊，并用掌部挤住左手中的料，运转的铡铊将砂团在一部分砂粒带至铊面和铊口上，通过铊片磨擦把料切开。

使用钻石粉工具操作时较方便，操作者可以双手把握玉料，用力要均匀。不能左右扭动，以免铡铊片变形。

錾铊　錾铊为作用和铡铊相同，由于直径比铡铊小，铡铊切割不到的地方可使用錾铊。

冲铊　冲铊的作用是可研磨产品表面铡铊、錾铊切割时留下的各种片凸凹不平的痕迹和一些棱角。冲铊侧面还可以用来磨平器皿的口足及其他产品的底平面。冲铊的铊面应保持平整。冲铊一般使用60～80#粗粒金钢砂。

轧铊　轧铊的种类较多，主要有平口、前口、后口、浑口、薄、原等几种。所谓“口”一般指工具比较锋利成角的一边。平口轧铊的两边部为直角。一边成锐角的称快口。快口又分为前口和后口。两边都不成角如算盘珠的叫浑口。各种轧铊的大小在使用时可根据需要来选择。

管钻　管钻用于钻孔，钻孔有透孔和不透孔，透孔是管钻把整个玉料钻透，不透孔多用于掏膛，钻孔深度根据需要来决定，不管是透孔还是不透孔，都应取出钻心。

钻石工具　钻石工具主要有钻石錾铊和轧铊。对于一些硬度高的玉料如翡翠、玛瑙等，使用钻石工具比使用金钢砂工具可以提高工效。

二、工具的安装和修整

玉雕工具必须牢固地安装在设备主轴上才能使用。安装的方法一般有空心接杆粘接、与接杆卡接和螺母固定三种。使工具固定在设备主轴上并不难，难度在于使工具与设备主轴保持同心度。因为工具要随设备主轴一起作高速旋转，与设备主轴同心度很差的工具是不能使用的。轻则造成产品损害，重则会造成工伤事故。所以，会修整工具非常重要，操作者应当能在很短的时间内将工具安装好，并使工具与设备主轴保持良好的同心度。

1. 铡铊的安装修整

现在磨玉机安装铡铊方便多了，只需把铡铊的中孔对准轴的螺栓，用螺母固定就可以了。而旧式“水凳”安装铡铊要费事得多。铡铊安装在木轴上，木轴端是用烤热的可塑紫胶来粘住铡铊的，操作过程有一定的技术性。

铡铊安装主要是找正、找平。安装后再进行修理。

（1）修理铡铊，用6厘米×8厘米×0.5厘米长方形片状铁砧和1厘米见方的小铁锤辅助进行。左手把握住铁钻子垫在铡铊的一面，右手用小锤敲打另一面的相应部位。一边敲一边转动着铡铊，首先敲平小的坑洼面，遇有大的坑洼面，不要直敲坑洼处，先周围敲打，使大的坑洼面被四周拉伸，即散开，北京叫“治泡子”。

当铊口走线是“S”形时，要进行分析，看敲打哪一面，哪一部位合适。“S”形走线称为“剪子股”。剪子股整治有两种：一种是硬剪子股，即发生在缘口边处的局部，是外力扭曲造成的。遇到这种情况可直接敲打平直；另一种是软剪子股，如同荷叶边的卷曲，这就需要在口边以内找平中整治，并敲打没有剪子股部位的口边，把软剪子股的地方绷直。

（2）修理铡铊，要分析铡铊面的各种现象，通过找平、找直、治泡子、治剪子股后，达到整个铊面平展。为了使铊面有力还要从内向外敲打一遍，把铊的走线引向偏离中线一线到两线的点上，用手掰动铊面，向左、向右都有一个铊平面。在掰动中，铊面的绷劲匀而适中。

（3）修理铡铊，钻子要垫平，敲打锤的力要匀，敲打声要实，并检查铊面的坑洼现象，用掰动铊口，用眼看铊的走线等等来帮助判断。铡铊修理的好坏直接关系到使用和铡切的效率。

2. 錾铊的安装修整

錾铊是小型铡铊，直径在120毫米以下。因其小巧，其功能更趋灵活。没有钻石粉錾铊以前，錾铊由使用者自己制作。现在有了钻石粉錾铊，因效率高，能代替铡铊的铡、标、扣、划各种功能，多用钻石粉錾铊出坯。

3. 钻石粉錾铊的安装使用

钻石粉錾铊片由专门工序制作，使用者只需将铊片安装在轴铤上。安装钻石粉錾铊片有铆焊和丝接两种。在铆焊和丝接的过程中，必须保证铊片和铤的垂直度，铊口作同心圆的动力，并牢固耐用。

铆焊和丝接的錾铊安装在磨玉机轴上，有粘接和卡接两种，粘接用（紫）胶，卡接用卡头。錾铊粘或卡死后，还要进行修理，达到铊片运转规矩。修理的方法虽不一，但总离不了敲、掰、磨几种办法，轴心一定要正。

三、坯工的主要过程及操作技术

1. 去余料找出基本造型

在原材料上画好粗稿后，第一步需要用铡铊，錾铊把产品轮廓线以外的余料去掉，顺序是先去大块，后去小块、使用铡铊、錾铊工具也是先大后小。有以下三种方法：

（1）扣，铊子从玉料的两个方向入手，把一块呈角形的余料切割下来。剜取中间部位。

（2）标，实际上就是用铊子削去一块块余料的方法，玉器行业叫“标”，如标棱标角。

（3）划，有的余料在去除时，既不能扣又不能标的，就采取“划”的方法。划的方法是用铡铊或錾铊在余料上切出许多单行的沟槽，深浅根据产品造型需要来决定。划指切和扣的反复运用。切，切不到底，扣，扣不完整，是一铊一铊密排着去掉多余的料。然后用“掰刀”把沟槽中间的余料撬断。

（4）錾，就是用比铡铊小的錾铊去除工件上，较小的余料，实际上也是采取标、扣、划的方法，用于细部找形。

（5）铡、錾是琢的基本功，必须熟练掌握。铡、錾、标、扣、划要准确，平时可以片、方、球体和小型珠子的制作来完成练习工艺。

2. **冲　轧**

产品经过铡铊、錾铊的标、扣、划后、表面呈现出许多坑洼不平的痕迹，行话叫“麻岔”。为了去掉这些“麻岔”，在面积较大的地方，需要使用冲铊或磨铊，有些较小的或细部地方，使用各种形状、铊品不同的轧铊。轧铊在去麻岔的同时，可以进一步对产品找形，冲轧使用的金网砂为 60 ~ 80#。

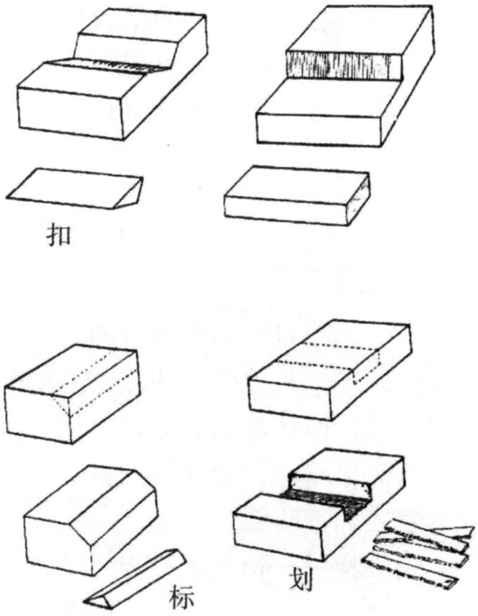

图 1－1　扣、标、划示意图

冲轧有推搬、叠挖、顶撞几种功能。

推搬　用轧铊把不要的部分磨去，留下造型，称为推搬造型。

叠挖　把推搬后的造型再细磨，使其翻卷折叠，如花瓣、叶的翻卷，衣纹的折叠，称为叠挖。

顶撞　用轧铊的顶平面撞地称为顶撞。

安装轧铊比较简便，只要保证作同心圆的转动就可以了。

3. **打　钻**

产品经过扣、标、划、冲、轧以后，基本造型已呈现出来，但有些轮廓以内的余料，使用铡铊，錾铊都不能去除，如花卉产品枝叶之间的空隙，器皿的内膛等，就需要用打钻方法。

打钻有两种方法，一种是“钻眼”，一种是“钻膛”。钻眼是把玉料钻透成孔，钻膛是取出膛中的钻心，钻膛的深度随膛的深浅决定，钻心取出后再进一步琢制内膛。

打钻的工艺方法是先根据需要决定管钻的直径，然后是打钻，取钻心。钻眼时只要钻管钻透，钻心即可取出。膛内钻心取出方法如下：当钻管与加入的金钢砂一起旋转钻到所需深度时，先把钻管抽出来，用水把钻口内的金钢砂冲刷干净，然后用铁制的“冲子”顶住钻心的一侧边缘，以小铁锤轻轻敲击冲子，即可把钻心根部震断，取出钻心。要钻一个较粗而浅的膛子时，可在钻心上套着打一小的钻孔，也可以打两个或更多的钻孔，以能冲震断钻心为标准。

4. **打钻的用途**

落地　如花卉产品枝杈之间需要掏出空隙，因铊片太大下不去，可以打钻落地的方法解决。总之，凡是小面积的推落，都采用打钻的方法解决。

钻膛取芯　用特制的钻管在玉料上钻至一定的深度，然后用冲子震断管芯料。如果钻芯无综合使用价值，可采用打排孔的办法，将膛芯余料取出。

打孔　可打圆孔和异形孔。

第五节　细工工艺

细工是相对于坯工而言的。在坯工阶段，制作者的目标是确定玉雕的造型，而细工则是继坯工工艺之后继续完成形象的精细刻画。虽然在实际上坯工和细工可能只由一个人来完成，但从雕刻的原理上仍可以分为两道工序。

我们根据制作者的短期目标，或者说，根据玉件粗坯被加工的状态，可以把细工工艺分解成如下步骤：

勾细样——精细定位与派活——二次修整

一、勾细样

勾细样，就是要把各种形象的细部结构仔细勾画在玉雕粗坯相应的块面上。比如，做花卉，就要把花瓣、枝叶的准确形状，细部结构都画出来，以便进行再下一步的雕刻加工。勾细样与勾“粗稿”不同，粗稿只是画出造型的动态和外轮廓线，细稿则需要把每一个细部一笔一笔细致地画清楚，如人物就要把头部的五官，衣纹、陪衬物等仔细画出，花卉则需要画出花瓣、枝、叶的层次、相互掩映、翻卷折叠、穿枝过梗等，器皿造型画出盖、耳、身、足等中的兽头、花头及各种图案花纹。“细稿”画好后就可以进行琢制了。勾细样要多次进行。

二、精细定位与派活

在勾细样的基础上，将各部分形象的位置和轮廓定死。当然，由于坯工工艺遗留有许多尚未做实的部位，需要在这个阶段中继续推落，因此在这个阶段中还要推落，但这种推落加工已具有精细定位的性质。比如做花卉，就要把花瓣、花叶的翻转折叠、穿枝过梗做出。如做人物，就要把头部的五官、衣纹、陪衬物做出。但对于一些易碰断和镂空的部位仍要放在精细修饰阶段去作。

三、二次修整

二次修整是用各种工具对形象进行更准确、更精致的刻画。在这一阶段里，有的加工是为了使形体表面更加平整、更加光洁；有的加工是为了使消除以前工序留下来的块面棱角；有的加工就是对各种装饰线、轮廓线、边、角、拐弯处进行修饰性的加工。

第六节 细工工艺原则

细工，虽然是继续对形象进行更为细致、更为精确地刻画，但这决不是说对每个局部的形象刻画可以一次到位。如急于求成，将各个局部的形象刻画一下子做实，往往会造成无法补救的后果。为了从工艺原则上加深对细工工艺的理解，我们在这一节里专门研究细工工艺原则的问题。

本章第三节所讲的坯工工艺的五条原则依然适用。但更可以用下面几句话来概括：

“以方易圆，破大面为若干小面；先定起伏凹凸，后定长短轮廓，不急于确定细部”。

“以方易圆，破大面为若干小面”，是说在坯工工艺阶段，我们曾用方的体积块面来代替那些本来是圆的或球形的形象。而在细坯工艺阶段就要将这些方的体积块面还原于圆的或球形的形象。但这个还原即雕刻应当有一个过程，而不是一下就到位的。这个过程就形象地体现出为“破大面为若干小面”。

“先定起伏凹凸，后定长短轮廓，不急于确定细部”。是讲“破大面为若干小面”时，对各种小块面的处置原则。“先定起伏凹凸，后定长短和轮廓”，是说将代表局部形象深浅层次的块面先要被确立下来，才能决定形象的长短及外轮廓。“不急于确定细部”，是说在这期间，不能急于将细部形象做实。只有在代表局部形象的若干块面已然被确定之后，并且和整体造型相一致的时候，才能将形象的细部刻画出来。

以上工艺原则如和局部形象的刻画相联系，就可以衍生为特定的技艺口诀。

比如做手，在细坯工艺阶段，就可以归同为“以方易圆，破大面为若干小面”，先定手势的起伏凹凸，后定手形的长短及胖瘦，不急于分手指头。

在这里，“破大面为若干小面”，就是要用若干个形态不同的小面来代替手的姿势，比如手指，应按手指的关节分解成几个小面。这样雕刻较易。

所谓“先定手势的起伏凹凸”，就是先确定手指、手背和手掌在不同姿势下的形状，而这形状总是表现为起伏凹凸，总之，是要先做出手的最佳景象。

所谓“后定手形的长短及胖瘦”是说手各部分比例的确定，应在手势确立之后进行。

所谓“不急于分手指”，是说在细坯工艺的开始阶段，不能先分手指。对于雕刻来说手是能缩小而不能大的部位。如果先分手指，就必然在事实上确立了手指之间的间隙，这手指间隙也是“大了就不可变小的部位”。因此，不到最后是决不能先分手指的。

第七节 细工操作技术

玉雕产品经过坯工阶段只能是个粗坯，继之是细工琢磨，称之为“细工工序”，

“细工工序”也称为“作细”。作细的步骤是在粗坯的基础上，从大的面积到小面积，从里往外进行雕琢，先处理主体，后处理陪衬，对一些容易断裂或碰撞的部位，应在玉件细坯接近完成的阶段再进行处理，待整个产品细坯全部完成后，对一些细部，如人物的头发、面部表情、服饰上的花纹图案、花卉的花蕊、鸟的羽毛等再进行勾面纹。

细工实际上是除去余料，完善产品造型。细工完成后，余料已全部除去，达到形象准确生动，各部分结构的来龙去脉交代清楚，层次关系正确 ，表面平整细腻，利于以后的抛光。

一、细工工序主要工具及操作方法

细工所用工具主要有轧铊、勾铊、钉铊、膛铊、杠捧等。

1. 轧　铊

和坯工阶段所用轧铊基本相同，但细工阶段所用轧铊比较小。

2. 勾　铊

作细时使用勾铊大多为较小的，主要用来勾花纹、头发、眼睛、羽毛等。按操作手法又可分为：

勾撤、掖撞　勾撤是用勾铊勾线，用快口轧铊撤地；掖撞是用钉铊的顶平面把地的根线掖入和撞平。

勾撤、掖撞既是出造型，又是使边线利落，影像脱颖而出的工艺，依造型和制作过程中的部位要求，选用合适的勾铊、轧铊、钉铊。

顺和勾面纹　顺是平展顺溜的意思，即造型完成后，为使表面平整光滑，用各种工具再磨细一遍。顺的工具最好使用铁制的磨铊、轧铊、棒等。如有细粒钻石粉工具也可使用。

勾面纹使用勾铊，勾铊似錾铊，但较小而薄，勾线、勾面纹用的勾铊要薄而规矩，运用要熟练，走铊稳而活，使线条流畅。

3. 钉　铊

状如铁钉、行话称“钉子”，过去用头号大铁钉，用钢锉锉平表面，钉子有锋利的“快口”，状如喇叭，又称“喇叭口”。还有一种属于杠棒的“喇叭口”，与钉铊在形状上稍有区别。现在的钉铊为钻石粉制成，有大小不同的型号，使用起来很方便。

4. 杠　棒

形状像根棒，棒头部分根据需要可有不同形状和粗细。目前杠棒都为钻石粉制成，主要种类有齐头棒，橄榄棒（又称枣核棒），钢丝棒，细尖头棒，喇叭口棒等。它们的用途也较广泛，不仅可以除去余料，有的还可用于面的顶磨，细尖头棒可以打眼。

5. 膛　铊

主要有两种类型，一种叫“串锤”，一种叫“弯子”。是专业用来掏空器皿内膛的工具，串锤的形状有扁形、长形、短形、磨菇形等。弯子一般都用粗细铁条制成，制作者可以根据膛肚的需要随时调整弯度。

6. 细工琢制

细工琢制是从产品的重要部位开始，余料除去应本着先大后小的原则，使用工具也应先大后小，通过细工琢制，使玉雕形象逐渐加细。如人物产品就应首先琢好头的动向，然后琢出发型，定出五官位置，刻画面部表情。头脸琢制好后，再琢制其他部位，最细的加工留在最后进行，如发丝、胡须、服装花纹等。

对一些易碰断和镂空的部位应放在最后处理，在整个细工的琢制中要注意产品的整体效果，物像的来龙去脉及各种关系要交代清楚。

二、精细修饰

精细修饰 就是最后的修饰。主要解决以前加工时遗留下来的各种不足之处。如人物的面部表情、头发、眼皮、服饰花纹等。兽类、鸟类产品的眼睛、毛发、爪尖、嘴等。花卉产品的花蕊、叶筋等。

一些易在制作过程中受到损坏的部位也要在这一阶段完成。

如形象刻画均完毕，还要用杠棒等小工具将产品全面磨一次，以便于抛光处理。

第八节 关于玉雕工人技术等级标准

目前玉雕行业技术工人已发展到几十万人，是有着一定技术基础的队伍，但是大部分厂家青年工人较多，技术水平还比较低，轻工部制定的琢玉工人技术等级标准，就是依据现有水平的展望未来提出的。水准掌握在现水平稍偏高的位置，但不是高标准。

标准中提出了二级工到八级工的等级划分，把原材料、独立操作列为重点，同时提出了设计能力达到的尺度，还没有把行业基础知识和造型艺术内容加进去。在学习此标准中，应该加强行业基础知识和造型艺术规律的理解，用高标准要求较为合适。在此标准未修订之前，仍以此标准为准，下面将部标准中的要点说明如下（与原件有文字上的出入）：

一、玉雕工人技术等级标准

（一）二级工

（1）知道本专业产品的质量标准及工艺操作规程。

（2）能识别常用（原）材料，了解（原）材料一般质量状态。

（3）能临摹一般产品画稿。

（4）在设计指导下，能看懂设计稿，会制作一般产品，按规定工时完成，质量达到一类（级）。

（5）掌握工具、辅料性能，会修会用，正确使用工具设备 。

（二）三级工

（1）知道本专业产品的质量标准及工艺操作规程。
（2）能识别常用（原）材料，掌握（原）材料性能。
（3）能较好地临摹产品画稿。
（4）在设计指导下，能领会设计意图，会制作中级产品，按规定工时完成，质量达到一类（级）。
（5）掌握工具、辅料性能、会修会用，正确使用工具和设备。

（三）四级工

（1）能识别及合理利用一般（原）材料。
（2）能设计一般产品，会画简单的设计稿。
（3）能独立制作中级产品，按规定工时完成任务，质量为优质。
（4）掌握工具、辅料性能，会修会用，熟练使用工具和设备，能排除一般故障。

（四）五级工

（1）能识别及正确运用一般（原）材料。
（2）具备设计中级产品的能力，或精通一种专门技术。
（3）在设计指导下，能制作一般高级产品，完成生产计划，质量为优质。
（4）能将技艺传授给艺徒。

（五）六级工

（1）正确鉴别原材料，做到因材施艺。
（2）具备设计一般高级产品的能力，或有技艺专长。
（3）技术熟练，在设计指导下，能制作本专业较复杂的产品。
（4）能对青工进行技术指导。

（六）七级工

（1）掌握（原）材料性能，做到因材施艺。
（2）具备设计高级产品的能力，或有特殊技艺专长。
（3）技艺全面，在设计指导下，配合设计完成高级产品。
（4）能对青工进行技术艺术方面的指导。

（七）八级工

（1）精通（原）材料性能，鉴别原材料用途、使用方法和估计生产的价值。
（2）具备创作设计能力，能解决技术上工艺上的关键问题。
（3）技艺全面，作品在继承传统上达到高水平，其作品有一定的特点。
（4）能对本专业的产品做全面分析，有鉴别鉴赏能力。

二、玉雕工人技术等级考核原则

（1）理论考试要求。

（2）实作考试要求。

复习思考题

1. 圆雕的工艺流程有哪些？
2. 如何进行圆雕工艺设计？
3. 阐述圆雕工艺坯工的工艺步骤和各步骤的工艺目的。
4. 坯工工艺的工艺原则有哪些？如何在制作过程中体现？
5. 在坯工工艺中使用哪些铊具，如何使用这些铊具？
6. 坯工的工艺技术有哪些？各有什么工艺目的？
7. 细工工艺原则是什么？
8. 细工工艺中使用的主要工具有哪些？各有什么用途？

第二章　玉石浮雕工艺技术概述

第一节　浮雕工艺特点

浮雕是一种雕刻方法，是在平面或弧面的玉料表面上，对本来是立体的人物、动物、山水、花卉等形象采用了压缩体积的方法——通常只是压缩厚度，对于长与宽方位保持原来的比例关系——来表现艺术形象的。雕刻者可利用物像厚度被压缩程度的不同，运用凹凸面的不同、受光后所形成的明暗幻觉和各种透视变化来表现立体感和空间感，从而使浮雕在表现原则上更接近绘画的方式，特别是薄肉雕就已经很像绘画了。所以，浮雕是一种介于绘画和圆雕之间的艺术表现形式，在题材的选择、形象的刻画和工艺技法上形成了自己的特点。

在题材的选择方法，由于浮雕强调“平面效果”，一些在圆雕中无法表现的题材却可以在浮雕中得到充分和完美的表现。例如，环境是圆雕难以表现的，而浮雕却可以大显身手。又如风景题材是圆雕不好表现的，而浮雕表现起来却得心应手。题材的广泛性和接近绘画的表现方式使浮雕有着广泛的用途。

一、浮雕工艺分类

根据物像厚度被压缩的不同，浮雕又可分为薄肉雕、浅浮雕和深浮雕三种：

1. 薄肉雕

一般是将形象轮廓之外的空白处去掉等深的一层，使形象略为凸起。形象因自身结构的原因而略呈现高低起伏。细部形象刻画用线刻。因其最高点与地平之间的距离很小，所以人们才称之为薄肉雕——以表示其厚度很小。硬币上的图案纹样就是典型的薄肉雕。

2. 浅浮雕

形象的轮廓用减地法做出，但形象凸起较高，并因自身的结构关系呈现出较强的高低起伏。细部形象用线刻表现。其最高点与地平之间的距离较大。浅浮雕的用处最广泛。

3. 深浮雕

形象的厚度与圆雕相同或略薄一些。形象因自身结构的原因而有较强烈的高低起伏。如果不是形象的后面与背景相连，几乎可以当做圆雕来对待。在实际运用中，深浮雕又常与薄肉雕、浅浮雕一起运用，使前景、中景、远景的空间关系得到充分地表现。

二、浮雕工艺技法

在浮雕的基础上又有线刻、透雕和小立体雕等技法。

1. **线 刻**

就是用线来表现形象。线刻可分为阴刻和阳刻两种。阴刻，就是沟槽似的线，线低于平面。阳刻，就是凸起的棱线，但其最高点仍与平面相同。又有“双勾浅轧”，其工艺方法为，先在玉器上勾出两条平行线，然后用轧铊浅轧线外部位，从而形成突起的棱线。商代的玉器上即已运用此工艺。

2. **透 雕**

又叫镂空雕，是在浅浮雕或深浮雕的基础上，将某些相当于“地”或背景的部位镂空，使形象的影像轮廓更加鲜明，使作品能体现出玲珑剔透的工艺效果。

3. **小立体雕**

是深浮雕技法的发展。一般浮雕都是在平面或弧面玉料上进行的，而小立体雕却可用任何形状的玉料。在雕刻中，使用的是深浮雕的工艺方法，形成了“尺山寸树，寸马分人”的造型特点。玉雕中的“山子雕”就是典型的小立体雕。

另外，浮雕形象的边沿与“地子”的关系也可衍化不同的技法，使形象的立体感和表现力得到加强。

第二节 玉石浮雕工艺原理

浮雕工艺可分为工艺设计、坯工、细工、精细修饰、抛光五个工艺过程。

一、工艺设计

在工艺设计阶段的各种要求大体上与圆雕工艺相同。只是浮雕的画面内容比较复杂，也由于浮雕工艺是采用“先减地以定形象轮廓，后推落以求层次变化”的工艺方法。所以，对画样的要求较高。一般都采取“拓样”的方法，将设计图稿“过”在玉料上。

对于深浮雕来说，在“拓样”时，应有意将画面上移 0.7 厘米左右。这是特意留的而且是必须留的加工余量。如果忘记留这个加工余量，经过推落之后就会出现下部没有料的问题。

二、坯工工艺

粗坯工艺也可以分解为：切块分面—二次画样—推落派活—首次修整。

1. 切块分面

对于浮雕来说，切块分面的目的是：

（1）确定形象的外形轮廓。

（2）将形象的轮廓与“地子”分开。

在这一工艺步骤中，“地子”的深度应当是一样的。因此，“减地”时应当特别当心，应保证各部位“地”都在同一深度上。

2. 二次画样

二次画样，只是根据需要画出形象的细上画出形象的结构关系。由于形象的外轮廓已经确定，所以无须“拓样”了。二次画样可以进行多次。

3. 推落派活

推落派活，就是确定代表形象各部分的块面，并确定各个块面之间的相对位置。

这一步骤可进行几次，每次都是从上到下。

这时最重要的问题是“挑面”。所谓“挑面”，就是位于近景上的形象，其最高点必须与料面相平；也不允许大面积的形象都位于中景或远景位置上。如果做不到以上两点，就会出现“塌面”的问题。如果出现大面积的“塌面”，这件产品就算失败了。

另外，在浮雕中还要求“层次变化”。所谓“层次变化”，就是要利用有限的材料厚度，使图案表现出纵深方位上的空间变化。丰富的“层次变化”是使玉雕工艺品耐看的主要因素。但是，层次越丰富时，必然是有较多的形象位于中景、远景的位置上，而这又是将玉料往里“推落”的结果。这样，就产生了“挑面”和“多层次”之间的关系是这一阶段很重要的课题。

对于深浮雕和小立体雕来说，还有一个处理“地”的问题。在深浮雕和小立体雕的作品中，“地”一般都是朝斜上方倾斜的。这种表现“地”的方法无疑会增加雕刻人物、建筑等形象的困难——因为人的头和上身要占料挑面，不能往后推落，而人的下身却由于“推地”的原因而必须向后推落。这样，深浮雕和小立体雕中的人物都是有点向前倾斜的。在这种必须“前倾的姿势”中不仅要保持好正常的姿势，而且还要在视觉上使人们感到舒服，困难无疑是很多的。

总之，在推落块面时，要注意解决“挑面”、“层次丰富”、“地”三者之间的关系。而且，在今后的加工步骤中也要注意这个问题。

4. 首次修整

修整，就是对大的块面进行更细致的分割、用更多的小块面来概括形象。

修整，也包括对加工面进行光洁度方面的修整。

三、细工工艺

细工工艺也可以分解为：画细样—精细定位与派活—二次修整。

以上各工艺步骤与圆雕工艺中的细工工艺相同。

四、精细修饰

参见上一章。

五、抛光工艺

参见抛光工艺章节。

第三节 浮雕工艺在玉器制作中的应用

一、浮雕技术分类

浮雕是在器皿上进行装饰最常用的一种方法，种类较多：

1. 浅浮雕

较浅、层次交叉少，其尝试一般不能超过2毫米。

浅浮雕对勾线要求严谨，常用以线和面相结合的方法增强画面的立体感。

2. 中浮雕

“地底”比浅浮雕要深些，层次变化也多些，一般地子深度为2～5毫米，也可根据膛壁的厚度来决定其深度。

3. 深浮雕

为半圆雕、层次交叉多，立体感强，常凸出在器身之外。深浮雕在出坯时要在器身上留出较厚的余料。

4. 镂空浮雕

又称“透空花”，是带孔眼的浮雕纹饰，由于孔壁不能太厚（孔壁厚花纹显得笨拙），所以镂空浮雕的层次不宜过多。它的特点是玲珑剔透、花纹突出。

5. 锦地浮雕

在浮雕的“地底”上勾出花纹叫锦地浮雕。它的特点是有富丽堂皇之感，但如果处理不好会使整个浮雕杂乱繁琐，主次不分。

6. 阴线刻

又称“阴勾花”，就是只勾线不剔地子，是浮雕的一种装饰方法，锦地浮雕中的“地纹”就是阴线刻。它也可单独在器皿上进行装饰。

二、浮雕图案的应用

浮雕的图案可分为两大类，一类是传统的各种变形纹样如饕餮纹、夔纹、雷纹、勾莲纹等，另一类是比较写实的图案如花卉、草虫、鸟兽、山水、人物以及具象型的龙、凤、吉祥图案等。

各种变形的传统动物纹样题材可使器皿有古朴、庄严、厚重之感；植物纹样能使器皿具有富丽轻巧之感；几何纹样等，则使器皿稳定均衡。变形图案纹样常施加在器皿的腹、颈及各种边沿。

写实类的图案大多带有边框，行业称这类图案为“开光”。

三、浮雕图案的构成

1. 连续式

主要有二方连续、四方连续。它的特点是可将一个或几个图案纹样为单元，向两边或上下左右延续。二方连续在器皿中应用较多，其组织方法有并连、套连，不同形状的纹样也可以组合在一起，还能随意穿插或添加。二方连续的骨架常见的有波浪式、倾斜式、折线式、团花式、几何式、直立式等，总之连续式图案变化多端、节奏感强。

2. 对称式

是传统图案的主要构成方法，在器皿上应用最多，主要有上下对称和左右对称。

3. 呼应式

也是一种传统的图案构成方法，往往用两种或两种以上的东西（可相同也可不同），以对角或主次相互呼应的构图达到平衡的目的。呼应式在器皿上常以圆雕或深浮雕的形式出现。

4. 旋转式

它的纹样带有方向性旋转感觉，骨架似纺轮，民间称之为“喜相逢”。这类图案多施加在图形边框中，动感较强。常见的有凤凰、鸳鸯、字图案等。

5. 角　隅

装饰在器皿的边角地方，纹样的基本轮廓随着边角的形状而变化。

四、浮雕的工艺制作要领

1. 浅浮雕制作工艺

先将图案仔细画好（一般对称或连续图案只画一半，然后将另一半拓出），墨线要求均匀流畅。然后用勾铊将整个轮廓线勾一遍，勾线时勾铊要稍靠墨线外侧，图案中一些细的地方，如果铊子在墨线中间或内侧勾，就会缩小它们的面积。另外要保持勾铊的规矩，不可左右摆动或上下跳动，不然勾出的线不均匀。

勾线时还要注意把握“地底”和浮雕图案的深度，浮雕轮廓线的深度要根据层次来决定，但不能超过地子的深度。制作者在勾线之前，心中要对整个浮雕的层次和深度有数，这样就能避免“伤地”或深度不够而造成重勾。

轮廓线勾好后先进行落地，落地的方法是用小钉铊或小轧铊等工具将地子轮廓内的余料剔去，然后用小钉铊或齐头杠棒之类的工具将地子顶磨平。

地子完成后将浮雕的层次琢出，完成细部。

不带边框的或极薄的浮雕、制作时不用整个落地，只需在浮雕边线外采取斜面落地的方法，可起到同样的效果。

2. 中浮雕制作工艺

中浮雕的制作方法与浅浮雕相同，由于它比浮雕要深，所以层次稍多。制作时要注意层次分明，对于开光类的浮雕要做到有空间感和立体感。

3. 深浮雕制作工艺

主要分三层、第一层立体感最强，属半圆雕，第二层和第三层的厚度相当于中浮雕、浅浮雕。制作一般先用錾铊或勾铊将轮廓线勾出，然后剔去地子余料。勾线时要注意铊子应向内稍倾斜，使浮雕成为坡形斜面。

地子脱好后，先从第一层开始琢制，要尽量分出块面，使之有立体感。第一层的基本形找出后再进行二层、三层的琢制。然后对细部进行修饰。细部制作的顺序是自下而上，先从第三层开始，上层的细部最后琢制完成。

4. 镂空浮雕制作工艺

花纹画好后，一般先在需要镂空的地方涂上颜色，这是为了区别那些不该镂空的地方。大多用红颜色，因为它比较醒目。涂完颜色还需要涂上一层定画液或漆片酒精液，使它不致脱落。然后用小钻石粉棒透孔，将镂空处的余料全部磨除掉，再用擦条蘸细金钢砂擦平轮廓。

镂空处的余料全部剔出后，再完成浮雕的制作。

5. 锦地浮雕制作工艺

画图案时，地纹不必画出，待浮雕制作完后，再将地纹画好勾出。地纹勾好后不宜修改，线条要均匀。

6. 阴线刻

方法和勾线相同。一般勾线时铊子都垂直进行。另有一种嵌金、银丝的勾法却不相同，它要求阴线的勾槽上窄下宽，这样嵌入的金银丝才不致脱出，不过这种技法比较难掌握，要经过不断实践才行。

复习思考题

1. 什么是浮雕工艺？
2. 浮雕有哪些种类？各有什么特点？
3. 浮雕工艺的工艺流程有哪些？
4. 浮雕的坯工工艺有哪些？各有什么工艺目的？
5. 线刻、透雕、小立体雕有什么区别？
6. 浮雕工艺在玉器制作中是如何应用的？
7. 阐述浮雕工艺的制作要领。

第三章　玉雕人物制作工艺技术

从雕刻分类的角度来看，玉雕人物可分为仕女、老人、佛像、童子四种风格不同的技法。

仕女，虽然是指题材内容和造型特征，但已成为一门技法。玉雕仕女是雕刻古代少女形象的一种技法。

老人，应理解为除武将之外的男子形象，因为玉雕较少表现青年男子，而以表现中、老年男性为主，故称为老人。帝王、男性神仙、文人学士、罗汉、渔翁人等都是用老人技法制作出来的。

佛像，从雕刻技法角度看，并不是单指佛，也包括菩萨、飞天、番佛等。但不包括罗汉和天王、力士等。原因是罗汉的雕刻技法与“老人”相近，天王、力士的雕刻技法与武将相同，故划归为不同的技法。

童子，是专指制作古代儿童形象的技法。

以上四种技法虽有风格上的不同，但雕刻的方法和原理是一样的，因此，在掌握以上四类造像上的特征和雕刻方法后，便可以在更大的范围内从事人物雕刻的创作。

第一节　工艺步骤

玉雕人物的制作可分为工艺设计、坯工、细工、精细修饰、抛光五个步骤。

一、工艺设计

工艺设计并不单是在玉料上勾样。在这个步骤中，制作者要在心理上完成从设计图纸到实际雕刻前的准备；也就是说，制作者不仅要了解设计师的要求，而且要对形象的空间关系了如指掌。对制作者来说，勾样后的玉料早已是变成具体细微的人物形象了。

图 3－1　工艺设计示意图

二、坯工工艺

坯工就是做出人物形象的粗坯。

从本编第一章有关论述可知，坯工是一个过程。出坯时先从人物的头部着手，先定出代表头部的动态、位置和大小的体积块，然后以头部体块为基准，决定出人物的身高以及胸、腰、四肢等部位的位置，进而找出人物的基本动态。

在开始去余料时，头部、手、脖颈等部位要留有余地，尤其是不要过早地找出脖颈，要等头部的动态、大小、五官位置确定并合适后，再将脖颈找出，否则容易造成“关门”，即没有修改的余地了。手部因手指较细，不留余料则容易碰断。

另外，对一些易断、易碎的部位和道具等，也要暂留余料，等进入细坯时再制作。人物的衣纹在制作粗坯时，只需找出与动作有关的主要衣纹，其他次要衣纹先不必找出。粗坯的操作顺序应由表及里地剥除余料。

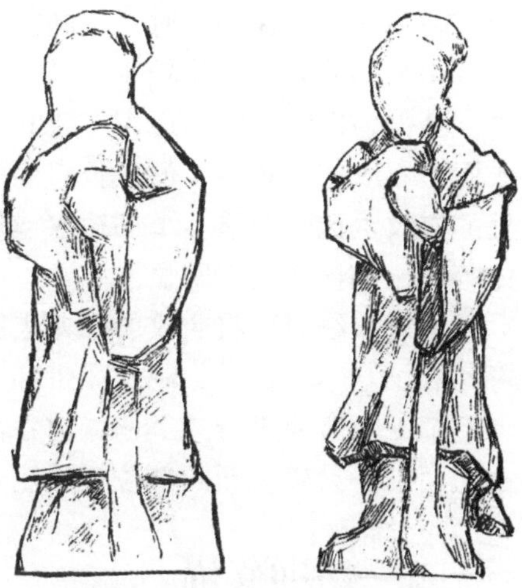

图 3－2　坯工工艺示意图

三、细工工艺

细工一般应从头部开始。首先在确定好动向的头部琢出发髻或冠巾的形状，然后将脸部的五官基本形琢出，鼻部要稍留余地。做五官可以采取分块面的方法，从较大的块面到小块面。

图 3－3　细工工艺示意图

接着将手的姿态基本形状做出，然后琢制四肢、衣纹。琢制衣纹时应从外面看出肩、肘、膝、臀、胸、腹等处，相互结构及动静的关系。琢制衣纹要考虑到几个问题，即人体动作对衣纹的影响，主要衣纹与次要衣纹，服装的裁制式样，质料和长短薄厚、虚实关系等。人在动作时，不同的姿势，衣纹的变化形状也不相同。

关节部分衣纹变化较少，关节之间衣纹变化较大。关节部分产生的衣纹为主要衣纹，其他为次要衣纹。琢制主要衣纹时要注意不要损伤人的结构。长大和丝绸薄质料的衣服，衣纹产生较少，但较长直而浅，下垂的感觉明显。在有人体关节或形体凸凹部分处的衣纹也比较明显。窄袖短衣或较厚、质量较硬的衣服，可产生的衣纹多而琐碎，人体各部位的显露也不明显。

琢制衣纹时要将衣纹的来龙去脉、转折关系等都应交代清楚。

衣纹基本完成后，制作风带和陪衬物、道具等。

细工一般要进行二三遍，对各部位的琢制逐渐加细。细坯的原则是先整体后局部，由粗而细，易碎易断的部位最后制作。

四、精细修饰

精细修饰是在细坯完成后进行，先对人物的脸部进行表情刻画，眼、鼻、口及面部肌肉等都要仔细琢制出。然后勾出发丝、胡须，做出发饰。最后勾出道具和服装上的图案。

五、抛　光

参见抛光工艺章节。

第二节　玉雕人物头、脸体积块面的划分

一、头的体积块

为了研究雕刻工艺规律的需要，我们有必要排除这一个头与另一些头的不同处，而只研究头部的外形特征与体积共性。

从正面看，一个美丽的头型是由一近似卵形的线所界定。构成这封闭的圆形主要依靠四条曲线：一条是由耳部经过下颌再到另一耳部，构成一条优美的、自由流畅的曲线。另一条是由耳部经过顶结节再到另一耳部，是一条变化较少的曲线。从侧面看，由额经过鼻端再到下颌的一条曲线，勾画出一个人的侧面影像；由后脑壳经过头结节到额的一条曲线，变化很少，永远为优美的圆顶形。一个头形大体由这四条曲线构成。

图 3－4　人物精细修饰示意图

在开始雕刻时，最好把头部想象成一个长方体，其三度的比例是 8∶6∶7～5。这样做比把头看成一个卵圆形更有助于我们建立空

间概念，因为立方体的方向性强，卵圆形方向性极弱，所以把头部看成立方体更加符合雕刻工艺的需要。在这个长方体里可以放下任何一种头的形状。

二、头的动态

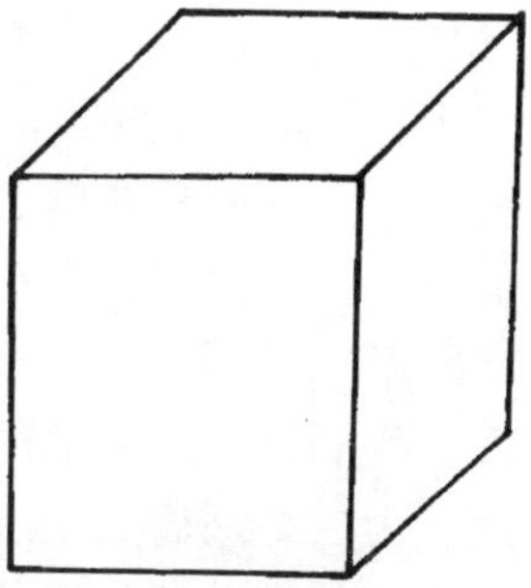

图3-5 头的体积块示意图

头部的动态是多种多样的，在大多数情况下，可以分解为扭转和俯仰两种动作。由于扭转和俯仰两种不同动作的合成，便构成头部动态。这种先分解再合成的思考方法对于雕刻工艺是具有实用价值的。

我们在绘制设计稿时，是按照透视法则来表现头部的动态的。透视法则是将具有三维空间的立体形象变成两维空间的一种表现手段。但是在雕刻中（特别是圆雕），仍然是用三维空间表现三维空间，其心理结构和思维过程与绘画截然不同。如果是按图施工，则是将二维空间的平面形象，还原于三维空间的主体形象，与画时正好相反。因此对于圆雕和深浮雕而言，在雕刻的实体上是不存在所谓的“透视”效果，因为我们总可以很方便地摆弄雕刻品，总是很方便地找到正面观察头部的恰当位置。在浅浮雕中，因其具有更多的与绘画相近的特点，透视的法则在那里起着很大作用。

1. 在圆雕的制作中，决定头部的扭转的因素

第一个因素是确立玉料的正面。

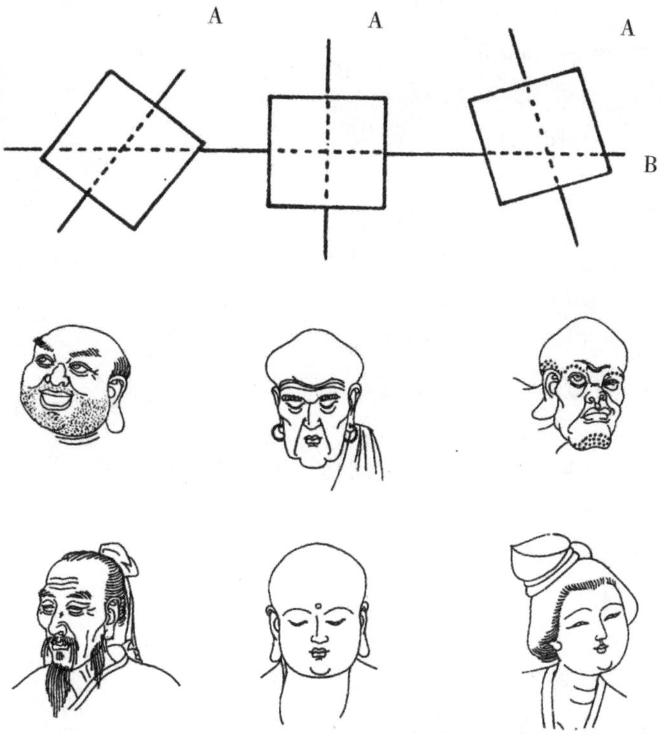

图3-6 头部扭转变化示意图

任何雕刻品都有一个形式感最强的角度，当这个最佳角度处于我们的正视平面上时，我们便把这个面称为玉料的正面。由于在雕刻工艺中，头部扭转的角度都是相对于玉料的正面而言的。如果这个正面不确定，虽然雕刻时将头“转”过去一个角度，但由于玉料的正面也跟着转了一个角度，二者抵消，头仍为正视状态。在浮雕工艺中，玉料的正面是明显和确定的，是不可能移动的。但圆雕则不同，由于在雕刻过程中要不断地转动，要保持玉料正面的问题却易为初学者所忽略。

第二个因素是：头的动态线与两肩联线的相对位置。

我们把贯穿头部的一条直线称为头动态线，这条直线从顶结节沿鼻峰至下颌，将脸等分为二。两肩的联线，称为肩峰线。

头部扭转的位置可以用头动态线与肩峰线相交的位置来表示。

当我们俯视观察时当头动态线 A 与肩峰线 B 斜交时，头部为扭转状态。A 和 B 两线的夹角越小时，头部以扭转越大。

当 A 和 B 两线垂直时，头部为正视状态。

因此，我们便可得出结论：在实材雕刻中，我们光推落肩峰线可以形成头部的扭转，如果光推落头动态线而肩峰线不动，也可以形成头部的扭转。如果同时同角度向一个方向移动这两条线，则这种推落是劳而无功的，因为同时同角度向一个方向移动这两条线，则头部永远为正视状。当然我们在实际雕刻中还要考虑材料的正面问题，我们要把这两条线与材料正面的相对位置确立下来，才能使头部处于正确的、合乎要求的扭转位置。

2. 在雕刻中与头部俯仰有关的因素

低头，就是将构成头部的长主体前倾、后仰也就是构成头部的长方体后倾。这个长方体的前倾与后倾的程度，就决定低头、抬头的程度。

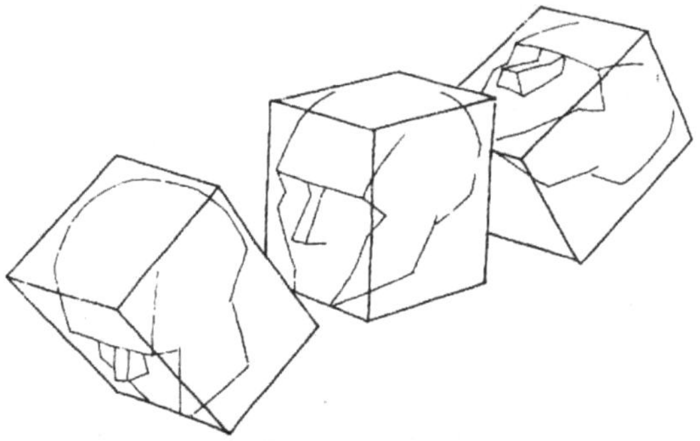

图 3－7　头的俯仰变化示意图

人的脸部形象是最富有特征的，虽然构成人的脸部的各种器官都是一样多，但每一器官的外形稍有变化，就构成了一张张彼此截然不同的脸型，以至我们仅凭脸就可以判断这是某个特定人。但在研究雕刻脸部的工艺方法时，开始时最好不要为彼此截然不同的脸型所吸引，而是要看到他们彼此相同的部分，只有这样才能更快地掌握雕刻人物头部的基本方法。

二、面的块面

一般地说，脸部是由四种极为明显的块面所构成。

第一是方形前额区，在其上是头盖骨。第二是扁平颧骨区的。第三是一个竖立起的圆锥体，在这个圆锥体上连接着鼻子的底部和嘴。第四是下颌三角形区。

上述四类形状和它们彼此之间的穿插关系，以及各自的前后突出与退缩的程度不同，使人们的脸部形成各种明显的差别。

在考虑脸部的四种体块分布时，首先考虑的是头的体积，其次是面，体积是由几个面构成的，通常是指正脸、两个侧脸和顶部。

这里强调的体积和面，正是我们雕刻时切块定位的基本法则。因为无论是用什么样的工具，每一次操作，其痕迹都是一个面。所谓运刀，就是要善于将每一部分的体积表现出来。熟练的雕刻工人总是能用最简洁的刀法，将一个特定的形象表现出来，其原因就在于他较好地掌握体积与面的关系。

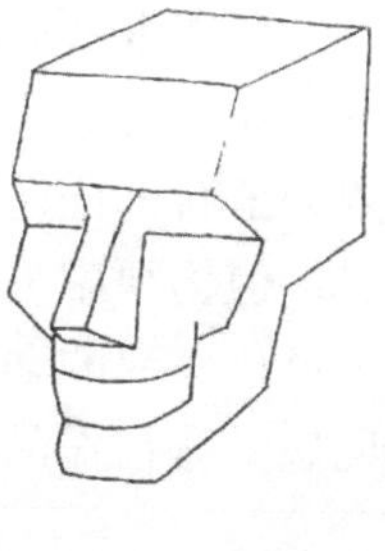

图3-8　脸的四种块面结构示意图

第三节　玉雕人物头、脸的雕刻方法

我们是根据雕刻过程中的不同阶段来进行介绍的。

一、工艺设计阶段

在这一阶段主要要考虑如下几个问题：

1. 领会设计图纸的创作意图

注意头的形状和姿势与整个形象的关系。把这种鲜明的印象牢记在大脑里。

2. 在玉料上考虑头的实际位置

这时应将头的形象抽象化，不考虑任何细节和特征，只将其看成是一个长方体；并将其动态分解，搞清它在水平方向上的扭转和垂直方向上俯仰的情况，要注意头的中轴线与肩相连的关系。当然在这个长方体中并不包括各种样式的帽子、头饰和高耸而又富有变化的发髻，因此要根据设计要求在头的上方留出相应的材料。计算头的大小时，要将这部分占料高度事先除去，才能计算准确。另外，由于画样只能在玉料的表面上进行，只能在玉料的表面上画出平面位置，因而实际位置与勾样的位置必定有一定位置差。因而搞清头的实际位置与勾样的位置差是很重要的。一般是玉料上底横截面上的相应位置上，而勾画出头在纵深方向的实际位置。

图3-9　各式人物头型示意图

3. 要根据玉石料的具体情况进行修正设计方案

在考虑头的动态和在料中的实际位置后，还必须考虑是否与玉料的具体情况相符。因为玉料上任何一点毛病的都不允许出现在脸部及脖子上。所以考虑头的动态固然重要，但仍须用玉料的具体情况来修正。如果玉料有毛病就要修改头的位置。也就是说，宁可让头部的动态与原设计相出入（甚至是根本性的改动）也决不能让任何玉料上的毛病暴露在作品的脸部和脖子上。

二、亮　脸

亮脸是整个雕刻的开始。

（1）先用铡铊在玉料上将头的正面和两个侧面切出，切料时要注意“有料”的一侧和“无料”的一侧。

（2）脸的正面最好先做成 V 字形、突起的凸棱代表头部正面的中轴线，这样便于把握头的动态。

（3）脖子此时最好不先做出。因为这是越做越长，一旦做长就根本不可能缩短的部位。如做可做短一些。

（4）不必动后面的料。为的是安全保活，万一不合适，还能继续向后推。

三、二次画样

紧接上一步骤。由于代表头部纵深位置和扭转俯仰的块面已定，因而可以精细而准确的画出头的大小。也可以用此时所画的头大小去衡量全身比例。

四、切块分面

（1）先按勾样将脸的大小位置固定好，将头发、头饰、发髻或帽子的位置定好。

（2）然后按脸部的块面结构将脸的结构做出。此时，只是定好脸的大致形状，谈不上形象刻画。

（3）做脖子，但要稍短些。

（4）在此基础上，可进行全身各部的切块定位，如果一味地做头，就会犯“谨毛失貌”的错误。

五、推落派活

应在全身各部分的切块定位后进行，这时可从整体形象出发，处理好头的姿势与全身动态的关系。头的姿势是很微妙的，高一点、低一点，都足以影响整个造型。

（1）按照形象的要求，对脸部进行加工。

（2）注意玉料的料性，切不可逆纹理制作，因为头部的料，加工余量很小。发生毛病后，不容易修改。

（3）只要做出五官的大致位置即可，切不可“搜墙”（搜墙：即凸起的部分与基面的夹角不可小于90°），因为出现“搜墙”的部位，就不好再进行修定。

（4）只有在脸部块面、头发、头饰（包括帽子等）做好的情况下，才能动脑后的余料。

六、修饰找细

按照上述程序，重来一次，只不过精度更加高一些。

七、精细装饰

（1）先相活，检查脸型是否周正，五官分布是否合理，五官与头发的相对位置是否合理。脸上是否有小裂纹、杂质、小坑等问题。

（2）用轧铊将脸部通打一遍，将各种毛病全部去掉，并按创作意图，将五官和脸形安排得准确无误，不仅要在直立的时候检查脸型的偏正，最后还要从倒立的方向去检验脸型和五官的位置。

（3）处理好脖子和耳朵（仕女则为耳坠）。

（4）用做精细的线刻加工，如刺眼皮、嘴唇等（仕女应包括头发帘）。

第四节 基本姿势与体积节奏

一、仕女的基本姿势

姿势能充分体现仕女的仪容风采和内心意向，是塑造仕女形象的重要艺术语言。

传统仕女的姿势要求举止矜持、仪态典雅、行动有节、含蓄蕴藉。所以在选择仕女造型时，要充分强调外姿与内韵的协调，注意体姿、意向、动势的融合统一，发挥传统的“起”、“亮”、“收”、“蓄”等塑形特点，要通过身体的回旋、曲折、扭转来和手势顾盼呼应，形成艺术节奏和韵律，达到外形与内韵的统一。

仕女的姿势大体上可分为站、坐、行、游、骑马、奏乐等几大类型。但不论是那一种姿势都要体现体型美、风韵美和衣纹美。

体型美：是指仕女身高的艺术比例一般为7倍半首或8倍

图3-10 仕女逆式造型示意图

首。不论采用何种服式，都要体现窈窕淑女的曲线美。

风韵美：是指通过不同的姿态来表现仕女的精神气质。

衣纹美：衣纹组织要刚柔相济，疏密集散，气势贯一。既要体现出美丽的人体结构，又要兼顾风韵节奏，生动地反映出仕女的身姿美。

总之，仕女的姿势要“愈隐愈显”、“潜在含蓄”、“窈窕舒展”，才能尽合人意。

1. 站　式

站式是说全身处于站稳状态，重心在前足，是人将要运动但尚未开始运动的瞬间。衣纹和风带的动势不太大，是玉雕仕女常采用的基本造型。

逆式姿势的特点是：头的朝向与料形的弯度相反。全身动态由四大体积块构成。头低首右转，构成第一个面。胸也向右转，但转角小于头，为第二个面。胯部开始左转为第三个面。前伸的右脚（膝以下）和右撤的左脚构成第四个面。这种富有节奏变化的块面关系，能表现出一种优美的情调，适合于表达仕女典雅娴静的气质。

图 3－11　仕女顺式造型示意图

顺式姿势的特点是：头的朝向与料形的弯度相同。全身动态也由四大体积块构成。头低首或仰首均行，但向左侧转动。这是第一个面。胸向右扭转，构成第二个面。胯、继续向右侧扭转，但有挺腹的动作，这是第三个面。前伸的右脚（膝以下）与后撤的左脚构成继续右转的面。虽然块面的构成与逆式有所不同，但同样能表现出一种优美的情调，适合表现仕女典雅娴静的气质。只不过比逆式更加奔放热情。

这两种基本的姿势的区别在于：逆式是稍有弯腰的动作，由于将前伸腿的上部向后推落较深，具有“活深”的特点。而顺式是挺胸、挺腹的动作，由于推落较浅，具有“活浅”的特点。从雕刻的角度来说，顺式比逆式更好掌握些。

如果改变上述两种基本动作中手的朝向和手的动作，又可以构成持立、顾盼、聚扬、回旋几类变化。

2. 坐　式

常用的坐式也要讲究突破三轴平衡的。假定贯穿双耳有一条能代表头部体块朝向的轴线，贯穿双肩有一条能代表胸部体块朝向的轴线，贯穿盆骨有一条能代表胯部体块朝向的轴线。在处理坐势时，这三条轴线是不能平行的，如果三轴平行就意味头、胸、胯三个体积块面处于同一方向上，体积块面的节奏关系表达不充分，是一种呆板的姿势。我们要有意识地改变三轴平行关系，使之不平衡，便能在固定的视点上看到更多的体块变化。坐势头的体块朝右转、胸的体块向左转、大腿与盆骨的体块虽处于平躺位置，但仍然是左转的。右脚前伸、左脚后撤，与高耸的左膝盖构成了一个剧烈左转后撤的面。这样的积块节奏也和站立姿势一样很适合于表现优美的情调。值得指出的是两臂的位置应当是这样的：当右脚前伸时、右臂应当横曲在胸前，而左臂应当略往前伸。

另外，还有一种倚坐式。其动作要领与一般坐式相同，只不过其重心多在倚靠点或躯体之外。要求体现出蟠曲舒卷，婀娜回旋，左右呼应，顾盼生趣的特点。

要塑造好坐势，还要结合一定的目的性，要通过坐的姿势表现出人物的特定心情。比如做林黛玉坐看鹦鹉，就要表现出林黛玉多愁善感的性格特征，决不能让人误认为是杨贵妃在坐看鹦鹉。

3. 行

仕女“行”的动作是比较缓慢的，体姿变化较多，其重心多在腰际。两手动作除起示意情节的作用外，也起平衡的作用。因迈步大小不同而有莲步、碎步、折腰步、云步四种之分。

莲步：足位成丁字步、两足距短、步行轻盈、若行若止。手势要曲扬相济，以助平衡。多采用顺式身段。

碎步：步小而快，似蜻蜓点水、挪动快速。身段多为逆式，以成蹁跹顾盼之状。

折腰步：身段以顺式为主，折腰轻移、多以手势摇曳，以协助平衡。

云步：身段以顺式为主，足位大而缓、游动盘回。两手动势回旋相应，如行云流水。

总之，雕中“行”的姿势多以顺式为主，有时（如圆雕）因料形原因，光靠姿势来表现动势还不够，还要借助风带和衣纹的回旋缠绕来增加“行”的动感。顺式是一种动中有静的姿势，在表现“行”的动感是较方便的。而逆式是一种静中有动的姿势，在表现“行”的动感不太方便。

4. 较大动作

在制作歌舞乐妓、侠女、仙女等题材时常要求较大的动作。一般可根据题材内容来构思。但无论是采用什么动作，都要让身体处于“失重”的状态。身体的重心超过脚的支承面越多，动势就越大。正因为采取了“失重”的姿势，就要用衣纹、风带来平衡重心。要做到体姿、动势、意向的统一。

5. 演　奏

奏乐仕女的姿势，主要由所演奏的乐器来决定。例如箜篌是两手同时演奏的乐器，要表现弹箜篌的仕女，就要刻画好弹箜篌的姿势。在处理许多人演奏的场面，要注意姿势的“多样统一”。例如：五代时的名画《韩熙载夜宴图》中有许多人演奏乐器的场面，姿态各有不同，而且互相顾盼有情，但又都统一在坐的姿势之中，既协调而又有微妙的变化。

图 3－12　天女散花

二、老人、文人学士的基本姿势

“老人”的姿势变化较少，只常作站立和坐两类姿势。“老人”的精神气质不同于仕女，因而不采用由四个朝向和起伏较大的体积块面结构。

1. 站式老人

“老人”的姿势规律是：常由三个（有时也用两个）面构成。头部是略转向一侧的，这是第一个面。胸，基本是保持正的方位，这是第二个面。前伸的脚与后撤的脚构成第三个面，是与头的面的朝向相反的。由于三个块面的起伏不大，方位朝向也不大，所以块面的构成是较单纯的，富有整体感，再加上与之适应的单纯有力的线刻衣纹，适合于表现老年人的庄重。

图 3－13　羲之爱鹅

图 3－14　刘海戏蟾

2. 坐式老人

在这三个块面中，头的块面是活跃，它的偃、仰、俯、转是姿势变化的主要部位。胸的块面，也富有变化，当挺胸时，富有体积感，能显示力量和健康。当凹胸耸肩时体积感减弱，适合于表现年迈的老年人。而下肢的体面变化是相当少的。所以考虑老人的姿势时主要考虑，头、胸的体块的构成。

图 3－15　坐式老人

图 3－16 和合福寿

图 3－17 骑驴入剑门

三、佛像的姿势

图 3－18 全跏趺座式样图

任何一个时代的佛教艺术，都有自己的式样，在我国古代流行的佛教造像是以古印度多王朝的佛教艺术为范本的。这些姿势都有较固定的程式，现介绍如下：

1. “莲花座”、又叫“结跏趺坐”

简称为“跏趺”、“加趺”、“加趺坐”。佛教中的修禅者坐法。两腿交叉、脚放在相对的大腿上，足心向上。称为“全跏坐”。民间俗称“双盘”。如果以右足压左腿上，或单以左足压在右腿上，足心向上，则称为“半跏坐”，民间俗称为“单盘”。

2. “勇健座”

将右腿放在左腿之下。

3. “瑜跏座”

为静坐禅定的姿势。二腿盘坐，两足被压在相对的大腿之下，双膝微抬。

4. “游戏座”，又叫“安逸座”

在佛教造像法式中称为“自在式”，多用于观音、文殊，普贤等菩萨造像，既显示与信众的亲和轻松以及成正果后的自在无碍，又保持宗教的严肃性。

即一条腿弯曲或抬起，另一腿下垂，整个动作显得柔软和随便。“游戏座”有多种，最为人熟知的“大王游戏座”是：左腿弯曲，右膝强起以支右臂，右手则自膝处下垂。身躯略向后仰，左手直撑于宝座上，支撑着身体。

图 3－19　勇键座式样图

图 3－20　游戏座式样图

图 3－21　坐式佛像

总之，在考虑姿势时，要考虑体积感。要探索恰当的形式来充分体现雕塑感。比如，要表现力量，就要运用粗、厚、重的面积和线表现娴静与优雅的作品，就要运用柔细轻巧的线和面。优美抒情的可多利用修长的曲线。运动大的就尽可能地利用大的斜线或强烈的大小体积块的对比来获得。一件优秀的玉雕作品应当是体积感、空间感的统一和谐体。从美的观念来说，和谐就是美。

图 3－22　站式观音

第五节 玉雕人物手的雕刻方法

一、手的雕刻

1. 手的结构

人们观察手是十分方便的，但是要雕刻好手却不那么容易。“画人难画手，画树莫画柳，画马难画走，一画易出丑”。因为每一只手是由 16 种不同的体块构成：手本身的体块，每节手指的每一截指骨，拇指的二截指骨、掌心等。我们在雕刻手时，就必须考虑 16 种体块的形状，方位和朝向，所以缺乏经验的初学者时常画不好手或雕刻不好手，是一点儿都不足为奇的。

2. 手的比例

一般是用脸的大小来加以判断的。“手捂半张脸”，就形象地说明了手与全身的比例关系。在雕刻过程中，头和脸的大小总是最先被肯定下来的。因此，用脸的大小来判断双手的大小是很方便的，也是符合雕刻工艺的程序的。在实际雕刻中，手总是要稍大一些。这和雕刻者的心理状态有关。因为雕刻者不仅要有意识地留有一定的加工余量，而且因为玉雕是实材雕刻，手大时能改小，而手小就不可能变大。手稍大并不算毛病，一是有修改的余地，二是人们的欣赏习惯喜欢手略大些，民间画论说：“手大脚大不算大，脑袋大人才发傻”。这反映了人们的审美习惯。

3. 手的块体

手的体块并不是固定不变的，当动态不同就有不同的体块。如：在正常的情况下手背是呈弧形的。但是当手心朝下，平压在桌子上时，手背就变成了扁平的了，连骨骼也变得不清晰起来。当手掌平伸出去时也是如此。当手握成拳头，或手提重物时，手背就会变得相当圆起来。另外，从侧面去看整个手的厚度，就会发现手腕厚于手背，手背又厚于手指，它们像是阶梯一样慢慢地下降。手腕的宽度是厚度的二倍，在接近手臂的地方要窄一些。

手指从食指到小拇指，每指均有三节骨，称为节骨，而大拇指只有二节骨。当手的姿势不同，指关节的形状是不同的。手指平伸时，指关节处于平展状态并隐藏在皮肤之下。当手指弯曲时，指关节就较高的隆起。手指的体块近乎四方形，上粗下细，所以不要把其处理成圆柱形：也不要上下一样粗细。中指的长度从掌心一面看，是占手长的一半，但从手背看去，中指的长度要超过手长的一半。其他手指也是这样，这是由于手指的蹼的牵连，手掌要比手背长一些。

肌肉　手部的肌肉全集中在手掌的一侧。手掌的肌肉常用皱纹来表示。拇指球、虎口和手侧掌处的肌肉是不可忽视的，似乎是只有这些肌肉的存在才使人想到生命的存在。

手腕　是手掌与手臂连接的地方，由腕骨作为过渡。手腕在外形上的变化不明显，所以初学者很不易将手与臂的榫接关系合理而自然地表现出来。

由于手的各种姿势变化是由骨骼所决定的，适当地研究手的骨骼是必要的。但是玉雕是小型雕塑，过分地强调骨骼结构也是不必要的。

二、手雕刻的基本工艺

1. 坯工工序

（1）切块分面阶段

要把所表现的手势概括为“基本体块”，这个体块要能容纳手势的轮廓和榫结关系。只要这个基本体块确立之后，我们就可以从各个相应的块面上，很方便地确定手各部分的位置和具体形状。在处理这个基本体块时，要注意四点：

尽量用最少的块面去表现手的基本动态与榫结关系。不要为某个翘起的手指所迷惑，要用较厚的体积去把特殊的动作包容进来。

这个体块要略大于手，要把加工余量计算进去。

要注意留料和留支柱，手掌下面，手腕下面的料是决不能掏空的，只能用勾铊浅浅地刻个印迹，以显示体块和余料的分离。

在处置这个基本块面的个别面时（如大拇指），不要搜边墙。而是浅浅地刻出形象轮廓。

（2）推落派活阶段

随着找活的进展，各种形状的块面的数量上是逐渐增加的。也越来越趋向于真实、细致，手的形象是在多次的逼近中获得的。

“以方易圆、先定起伏凹凸，后定长短，不急于分手指”是做手的基本程序。

所谓“以方代圆”，就是先用方形的体块，去代替圆的形状，在方形的体块确定之后，才逐渐地化方为圆。例如手指，就要先作成方形，这样加工较易，形态较准。

所谓“先定起伏凹”，就是要先确定手指、手背、手掌等部位在不同的手势下的形状，这种形总是表现为起伏凹凸。

所谓“后定长短”，是在确立手的各部分动态之后，才能去确定手各部分的比例。

所谓“不急于分手指”，是说在出坯阶段，不必将手指做得很细，能不分手指就不必分手指。因为手是大能缩小，小不能大的部位。如果先分手指，就必然在事实上确定了手指之间的间隙。然而手指之间的间隙也是“大而不可能小”的部位，因此，不急于分手指是在出坯阶段（也包括修光阶段初期）必须遵守的一条原则。

2. 细坯工序

（1）通体修光阶段

在净活时，要先看两胳膊的长短的比例是否恰当、准确。要利用出坯所留下的余量，调整好手的长短和位置。在这阶段，仍不急于分手指。要找出手势影像的最佳形状。

（2）二次修饰阶段

在大形已准确的基础上再分手指，做指甲、手纹等。在手特别俏的位置，要留细小的支柱，以方便抛光工序。

3. 做手实例

在整个做手的过程中，因要兼顾手势、结构准确和合适的加工余量，所遇到的困难是较多的。

例一

此手势可先概括为一枚有一定厚度的树叶形。在定型之后，先做出食指和小指凸起的外轮廓，再推落手背。注意从手的厚度方向去找手方便些。在手的下侧留出花梗的长度。手指分为三组。食指、小指各为一组。中指与无名指为一组。食指与手指均处理成方形，而且宽度要较大于真实宽度。而中指与无名指处于低凹处，低凹处要处理成较窄些（不足二指宽度）。

图 3－23 做手实例之一

例二

此手势可概括为略向后倾斜的长方体。从长方体的侧面先找出小指起伏的状及手掌厚度。再找中指与无名指弯曲的外轮廓。

下侧的料是不掏的，仅用较浅的轮廓表示。从正面和侧面去找大拇指。食指则从后面向前找较方便。要注意，小指与食指的留料要宽些，主要是留手指内侧的料，以便调整手指的位置。

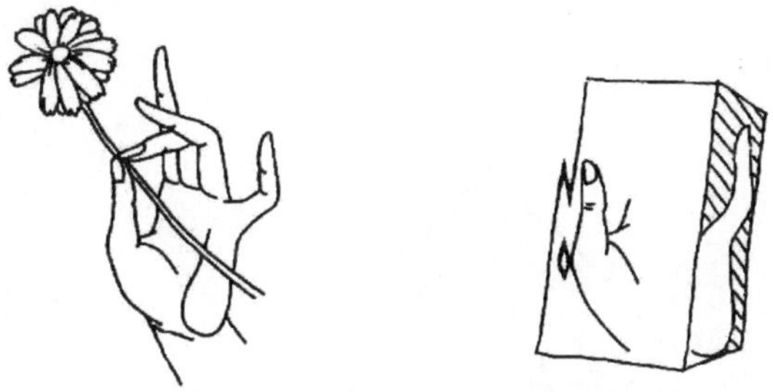

图 3－24 做手实例之二

例三

此手势可先概括为长方体。先定出食指与小指弯曲的外部轮廓后，再推落手背。大拇指要从侧面去找。在中食指与小指之间做一道较窄（不足二指宽度），较深的凹槽，代表中是指与无名指的弯曲。食指和小指下面的料先不掏，在手形做完后，可打个透眼。

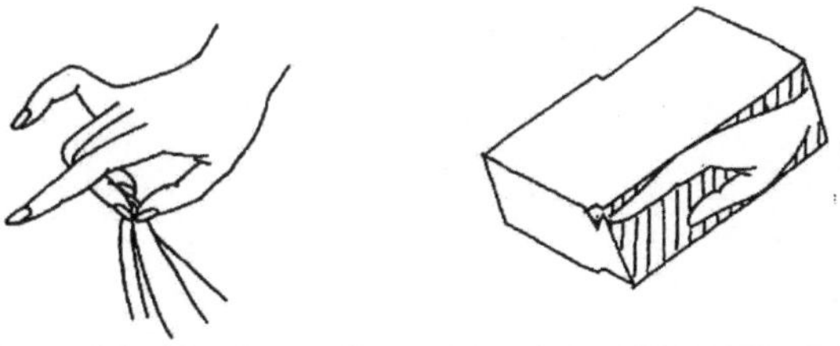

图 3－25 做手实例之三

例四

此手势可概括为平置的正方形。先在侧面浅浅地做出大拇指的轮廓。食指与小指用一平面联系起来，再从侧面找出中指与无名指屈起的外轮廓。待上述步骤完毕后，再逐渐找细。

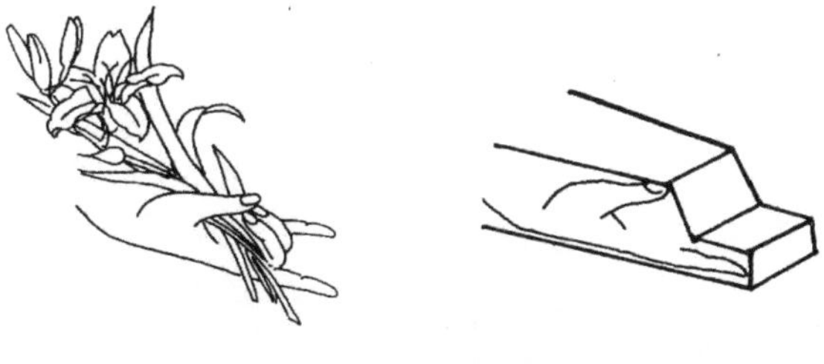

图 3－26 做手实例之四

三、常用手势图

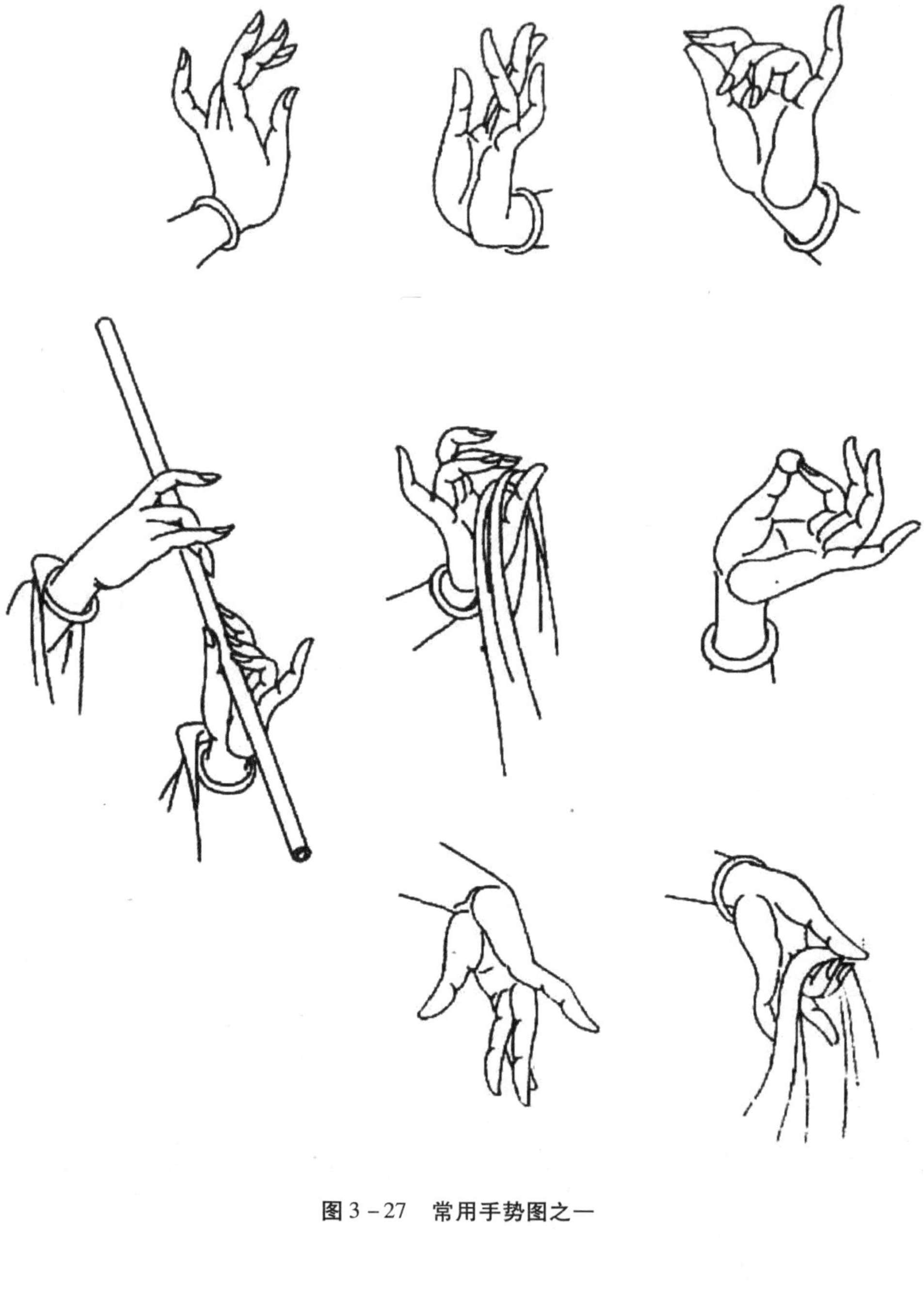

图 3－27　常用手势图之一

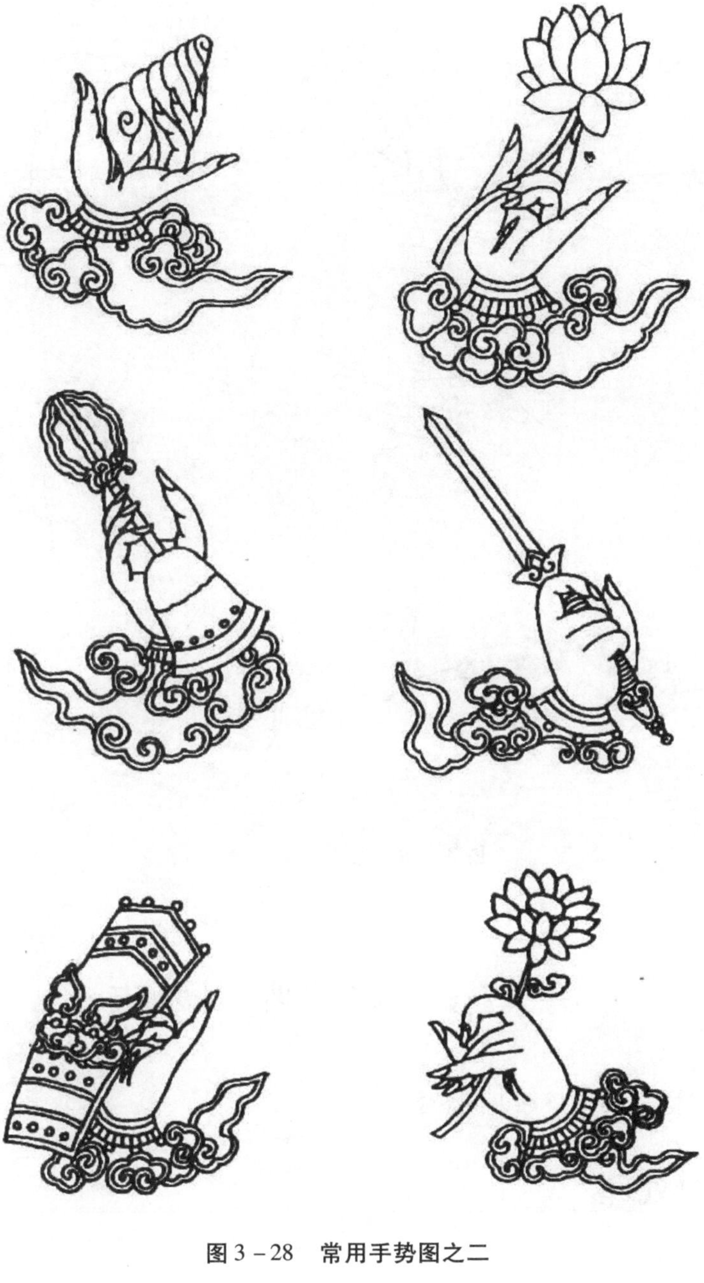

图 3－28　常用手势图之二

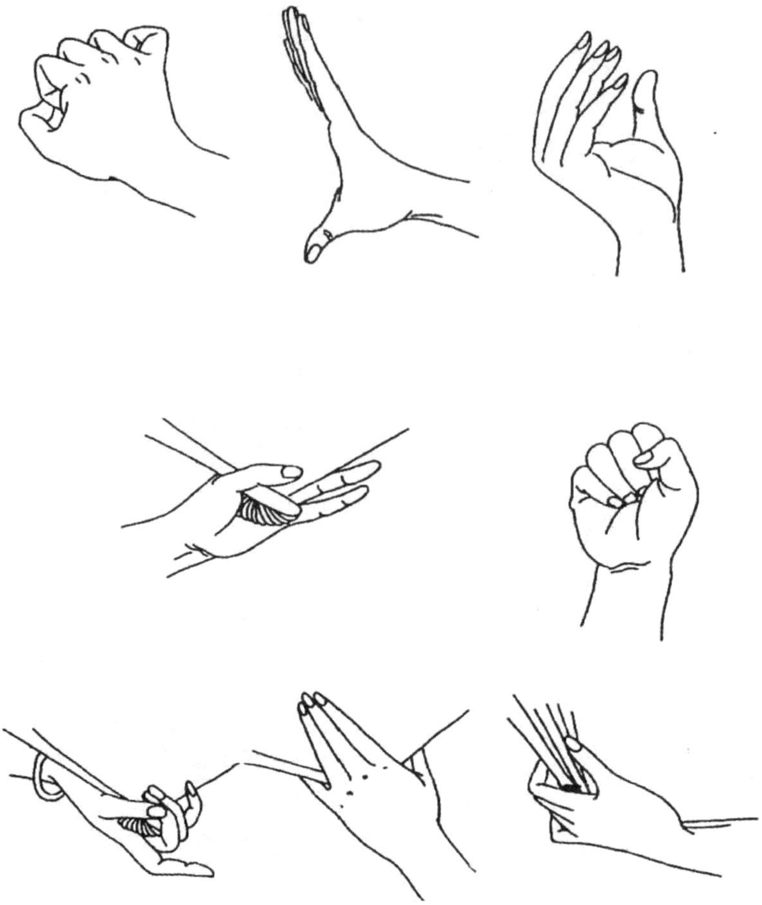

图 3－29　常用手势图之三

第六节　衣纹雕刻要点

在雕刻衣纹时，要注意如下问题：

一、衣纹处理

1. 衣纹与人体的关系

对于衣纹的处理，不仅要考虑服装的样式和质感，更主要的是表现它和人体的关系。要从表现人物形象的高度去认识它们，理解它们。

玉雕衣纹继承了我国绘画艺术的以线造型的优秀传统。我国的绘画艺术在长期的艺术实践中形成了一套用线描表现衣纹的方法，虽然玉雕中的衣纹处理，尚未达到如此高度的程度，但是二者是有深厚的传承关系。

“人物十八描”又称为“古今描法十八等”。十八描中的有些名称，早在唐代之前就已散见于诸书。它的全部名目，则在明代周履靖的《夷门广牍》，汪柯玉的《珊瑚网画法》和邹德中的《绘事指蒙》中才正式提及。及至清代又有许多人谈论过，遂成为传授线描技法的基本程式。十八描是：高古游丝描、琴弦描、铁线描、行云流水描、蚂蝗描、钉头鼠尾描、撅头描、曹衣描、混描、折芦描、橄榄描，枣核描、柳叶描、战笔水纹描、减笔描、枯柴描、蚯蚓描、竹叶描。这些名称是不同时期的产物，是历代画家为了表现不同的描写对象，陆续创造出来的。取这些名称，其目的在于便于记忆，便于认识，是一种象形的描述。玉雕在实际中也是采用了许多种的。例如，在人物胳臂转折处的衣纹就与钉头鼠尾描相仿。仕女的衣纹与高古游丝描、柳叶描相仿，而且这种风格的衣纹的运用更加增加了仕女轻盈娟秀的风韵。老人则多采用与铁线描、曹衣描相仿的衣纹，用刀拙朴，刚健有力，对刻画老人那种老气横秋的风度是非常合适的。

2. 衣纹的整体关系

虽然玉雕中的衣纹是以线为主的，但要从物体的体积观念出发，去安排和组织衣纹、分派衣纹，要把“轮廓线”、“结构线”、“运动线”、“惯性线”等，看成是表现各种大小体面关系的线。切不可在形式上去追求衣纹的表面变化而刻一些毫无意义的衣纹。

例图为仕女常见的衣纹，共有九条，实际上只有 A、B、C 三条衣纹是最主要的，衣纹 A 和 B，构成了身体的正面，衣纹和 C 构成了身体的侧面。除 A、B、C 三条衣纹外，其余的衣纹都是可以增减的。

3. 衣纹的艺术性

要根据人物形象和主题思想的需要，对衣纹进行艺术概括和夸张。

图 3－30 衣纹和体面关系示意图

对于主要的衣纹都要表现得充实而明确。有些衣纹，可按具体情况适当删除。但是，有时为了显示一种思想或加强衣服的质感，对于次要的衣纹也可以作细腻的表现，只是不宜过分强烈，过分突出，以免冲淡主要的衣纹。

4. 要按照美的规律来组织衣纹

例如衣纹的安排要讲究聚散关系。所谓“聚散”就是讲疏密。凡属于大动关节活动的部分，如肩关节、膝、肘、腰部伸屈的地方，衣纹要比较集中些。聚与散、疏与密是相对关系，有疏才有密；有密才有疏。但一般是光从密处出发，再处理疏。又如对于横纵方向的衣纹，要互相穿插，尽可能避免平行，对称、长短相似或距离相等的线条。因为这些会使人感到呆板。在衣纹汇集处或衣纹相交处，要避免“十”字形和“米”字形的交叉形式。

5. 衣纹的流畅性

衣纹的来龙去脉要交待清楚，切不可杂乱无章或没有出处。要按照衣纹的变化规律去办，不可任意虚构。

一般地说来，有的衣纹从一开始，逐渐消失；有的曲折回旋；有的成为流畅的弧状；有的一端带钩。常常与相对方向来的另一条衣纹相呼应，表面看起来是不衔接的，实际上是形断意不断，共同表达一个皱折关系。

6. 衣纹质感性

衣纹的形成与衣料的质量的粗、细、厚、薄等变化有关系。大凡质厚、绵软的衣服，衣纹是短而较繁的，而质薄，柔软的衣服，衣纹是长而细的。

7. 衣纹的韵律感

构成衣纹的韵律感有四个因素——节奏性、连贯性、一致性和呼应性。

节奏性　体现为衣纹的“轻重缓急”。要求雕刻时的力度与速度不能单一平板，不能像描图员那样均匀地“描”，而要有节奏上的变化。

连贯性　是指某道衣纹，每一道衣纹之间的连贯关系。这种连贯的关系有两种。一种是有形的连贯。例如仕女腰裙上的几道大衣纹，每道衣纹都是由几个面构成的，每个面都显示出由宽到窄的流畅变化，这就要求雕刻衣服时，每一个面都是连贯的一刀刻成。另一种是无形的连贯，常见于臂肘部分的衣纹，表面看起来衣纹是不衔接的，但实际上是形断意不断，共同表达了一个皱折关系。这种运刀的效果，正如书法中所说的那样：“迹断势连”、“笔断意不断”、“意到笔不到”的效果。

上述两点对于衣纹的韵律感的形成起着主关重要的作用。它宛如山泉流淌，时而穿过山林，时而回转而现，从不因为形迹的一时消失而有断源之感。我们在运刀时也要像山中的小溪那样，追求一种急缓不匀地奔流。

衣纹的一致性是指衣纹在方向上的重复。这种重复并不是像几何学中的平行线，那样重复，而是趋向虽然相同，但长短、粗细、角度不尽雷同的组合。一些老艺人，为了使一件雕刻品中的衣纹趋向不过于杂乱，总是让某一种衣纹的趋向占主导地位。这是由于人的视觉的节选作用造成的和决定的。因此要求在刀法的趋向的矛盾中求得和谐与统一。

衣纹的呼应性是指在同一件雕刻品中，某些相似形状的衣纹应当形成照应和避让关系。这有助于韵律的产生。

8. 衣纹的修饰

在衣纹的最后修饰阶段，第一次雕刻时所形成的块面或线条，都要体现力的节奏与和谐，即所谓刀法的韵律感。从刀法上讲衣纹的力度是靠“提、按”动作来实现的。衣纹的韵律，是靠雕刻时的起承转合、轻重缓急、虚实顾盼来体现“力的旋律”。每一个雕刻者都可以根据不同的作品要求，去创造具有不同感情的内容的衣纹。但是雕刻的流畅性和连贯性是应当格外注意的，要求有“一气呵成”之势，这是克服衣纹“板、散、僵、死”的关键所在。此外，还有“欲上先下”、“欲左先右”、“无垂不缩，无往不收”、“藏头护尾”、“欲擒先纵”等等手法，都是表现力的蕴涵之美的雕刻方法。

另外，在雕刻中要求的韵律还必须像“行云之飘缈于太空”那样自然，像“源水之源行于大地”那样毫无雕痕。即“有意全在无意之间”，求其“浑然天成”，以获得力法来表达自然美，可称之为神韵。如果能做到这一步，就使玉雕作品具有特殊而相对的审美价值——使我们感到生命的存在，感情的奔流，以及气和力的运行与和谐，给人以美的享受。

9. 善于观察生活

为了雕刻好衣纹，我们要善于观察生活，不仅要观察生活中衣纹形成和变化的规律，还要从大自然和人类生活中去感受各种力的美。

我国历代的书法家们在这方面为我们作出先例。怀素从嘉陵江水的波涛和电闪雷鸣的暴发力中体会到大自然那种豪迈的力量，从而倾注于草书。公孙大娘那如同游龙戏水的剑法，使张旭的草书益进。王羲之爱鹅，但也正是鹅颈所蕴藏的弹性的力对其书法有启示。苏轼和黄山谷分别从逆水行舟和船夫的荡桨中悟出笔力的奥妙。

“如屋漏痕”，出自唐代书法家颜真卿之口。古代墙壁多为坯砖制墙，雨水漏至屋内，在上流动，由于土墙吸水，水只能缓慢而行，给人一种如留如行的感觉——似淌非淌。但毕竟在流。“行笔要留得住”这一留一行便构成蕴涵之力，加上墙壁光洁度有限，便形成那种似直非直，直中有曲的水痕，更增强力的蕴涵性，而不是“平拖”与“直过”的外露之力。

“如虫蚀木”，树木让虫蛀了，就会形成一条条富有直曲变化的深沟（比屋漏痕略乱，但是仍与其相仿）。这种深沟是虫子一口一口地咬出来的，给人一种“行而不涩”之感——这正是中国书法用笔要求畅而不滑，其实质也是为了表现力的内在效果。

“如折钗股”，古代妇女的钗，多为金银制，韧性很强，不会像钢针那样折断，只能形成弧形，宛如一张弯弓，好像一放手又能直回去，有种“引而不发”的力的效果。这种强调弹性的力感，其中“柔中有刚”，“涵而不露”，具备力的内在特征。高古游丝描，铁线描，都是属于此类。

如锥画沙，为唐代书法家褚遂良讲，是讲用笔方法和笔迹两层意思，第一是提、按结合有度，不然，一味地按，锥子就扎进沙子里去了，当然也谈不上画，第二是指笔触，由于沙子的流动性和阻力，使锥子划过的笔触既不光滑，也不笔直，出现“苍圆”和“毛涩”的艺术效果，这绝不同于如锥划泥、划地，呈现出板刻的划痕，其仍然是在讲力的内在效果。

上述例子无不是体现力的节奏和谐，我们要从这里获得有益的感受启示。

复习思考题

1. 玉雕人物有哪几种风格技法？各有什么特点？
2. 阐述玉雕人物制作的工艺步骤及各步骤的要求。
3. 玉雕人物头、脸体积块面划分的要素是什么？
4. 玉雕人物头、脸雕刻的步骤和技术特点是什么？
5. 认真体会各类人物基本姿态的特征。
6. 人物雕像中手的雕刻要注意哪些问题？
7. 认真体会雕刻手的工艺步骤和方法。
8. 认真体会人物雕刻中衣纹雕刻要点。

第四章 玉雕花卉制作工艺技术

玉雕花卉制作工艺技术可以分解为雕刻花头、花叶、枝梗、陪衬物（瓶、山石）的制作技术。如果还能掌握草虫、飞禽等制作技艺，就能更加广泛地拓展题材，丰富玉雕花卉产品的表现形式。

第一节 雕刻花头的基本方法

花卉的种类很多，为了研究雕刻花头的基本方法，我们必须排除每一种花头的具体特征，光研究花头中的基本形态。为了方便可以把种类繁多的花卉大致划分为圆盘状花头和圆球状花头两类。像牡丹、荷花、月季、山茶、大丽花等都可以视为（圆球状）花头，像瓜叶菊、悬崖菊、向日葵等可视为（圆盘状）花头。像盛开的桃花、梅花则可归入圆球状花头。

圆盘状花卉的雕刻方法应当说简单的。一般地说，确定了圆盘状花头的位置及朝向，再按各种花头的结构特点做出细部就行了。只要四周的花瓣安排得错落有致，原则上不会出现大问题。

因此，本节主要研究圆球状花头的雕刻方法。

一、有关常识及术语

1. 门 瓣

所谓门瓣只是一种形象的说法。门，是识别不同住户的重要标识，把特定的花瓣称之为门瓣，其意义也在于此。门瓣，也称为定向花瓣，只要确立好门瓣的形态、位置和角度，整个花头的动势和特点就把握住了，就算确立了。在绘画艺术中，门瓣也是画家们首先下笔勾画的部位。在玉雕中，门瓣也是最先为雕刻家所先确立的部位。那么怎样才能确定哪一片花瓣为门瓣？在固定的视角之下，一个花头只能有一片处于正视位置的花瓣，其余的花瓣由于透视原因只能见到一部分结构。因此，改变不同的视点，一朵花上的许多花

图 4－1 门瓣、翻瓣示意图

瓣都能充当门瓣。但是，当我们从一个已选择好的角度，或从雕刻的实际位置上说，一朵花只能有一个门瓣，它通常处于花头形式感最强的视角的正面。

从雕刻的角度来看，门瓣的作用是：

（1）表现花卉的品种特征。因为一个花头只有门瓣能将全貌展现在人们的视野之下，所以在一朵花中只有门瓣的形态最能表现出花卉的品种特征。

（2）表现花头的动势。因为动势不同的花头其门瓣位置是不相同的，但也是有规律的。所以，在雕刻时，首先确定好门瓣的位置就是在事实上已确定了花头的动势。

（3）表现花头的精神气质。因为门瓣位于花头最显眼的位置，其形态是茁壮、是瘦弱，能很好地体现出花头的精神气质。

2. 翻　瓣

是指位于花头外围1~3层的花瓣，因为它们大多处于翻转的位置，所以称为翻瓣。但最重要却是与门瓣相邻的几个翻瓣。在实际雕刻中，这几个翻瓣是紧随着门瓣被确立下来的。

从雕刻的角度上看，翻瓣的作用：

（1）翻瓣的排列位置决定了整个花头的外部形态。在实际雕刻时，圆形花头的外形轮廓不应当是圆形，而最好是长方形、三角形或不对称的多边形，翻瓣不该均匀地排列着，而应当具有变化，这样才能得到一个好看的花的形状。

（2）能决定出花头的个性特征。虽然从解剖上看花瓣的基本形态应当是大体上相同的。只是它们处于特定的位置，因为透视变形才出现各种各样的形态。所以，这些形态各异的翻瓣的不同组合构成了千姿百态的花头。一个花头是丰满或是奇崛，主要是因为不同翻瓣组合的结果。

（3）与门瓣形成强烈的对比，是门瓣最好的陪衬物。在一般情况下，门瓣是雍容大方、富有庄严感的；而翻瓣则俯仰开合，具有妩媚的气质，使花头具备如同舞蹈者般的活泼神气。

（4）翻瓣的翻转趋向有利于表现花头的动势。

3. 花心瓣

花心瓣是指生长在花头中部的花瓣。在实际雕刻中，它的变化最小，通常只有花瓣的尖部显现在人们的视野之下。

从雕刻的角度上看，花心瓣的作用是：

（1）花心瓣的存在显示了花头旺盛的生命力。一个花头是茁壮还是凋谢完全在于花心瓣的排列方式。花心瓣排列紧凑还是松散是至关重要的，应当引起雕刻者的高度重视。

（2）花心瓣的方向有助于表现花头的动势。因为花瓣有正面和反面之分，在适当的位置上表现出花心瓣的正背之分，是可以加强花头动势的表达。

4. 花　蕊

纤细的花蕊是玉雕难于表现的。所以对大多数圆形花头来说，要采用“藏”的方法来表现花蕊。但有些花头，如梅花、碧桃、荷花等就不好采用藏花蕊的办法。在实际制作时多采用装饰性的处理。

二、如何理解和表现花头的动势

苏轼讲画竹时要“成竹在胸”，我们雕刻花卉时当然也要“成花在胸”。怎样才能做到“成花在胸”呢？

“师造化”，向大自然学习是最根本的方法。在生机勃勃的大自然里，我们可以学到书本上不可能学到的知识。但是我们也要看到，雕刻艺术中的花头动势与自然界中花头的动势是有区别的。要用雕刻的方法来表现花的动势，是不能照搬生活真实的。为此，我们要研究雕刻的方法来表现花头动势的问题。

为了说明问题，我们要先抛开具体的花的所有形状、结构、长法、构图章法等具体因素，虚拟出一种花头来，这朵虚拟的花头是一切圆形花头的总代表。从结构上看，它酷似一朵开的规规矩矩的荷花。

这朵虚拟的花头应当包括如下内容：

（1）我们假定它的每片花瓣都很像荷花瓣，它们只有大小上的不同，在形状上是完全相同的。花瓣的正面是凸起的，背面是凹下去的。

（2）将这些花瓣均匀地，逐层地插在花梗上，就构成了我们虚拟的圆球形花头。

（3）虽然花瓣的形状是一样的，但从一个固定的视角望去，只有1号瓣最能体现花瓣的形态特征，是门瓣。2号瓣是翻瓣。当我们改变花瓣的组合关系，使之不那么均匀，这样虽然可以改变花的造型，但这朵花给人的印象依然是直挺挺的。

图4－2 花头动势示意图

（4）如果再改变花梗的走向，这朵花便有了动势。如果将花梗挡住，这朵花仍然是直挺挺的，花瓣的动势是很差的。这说明花梗的走向是能够表达动势的。但表达能力却是有限度的。

（5）如果我们假定花瓣之间有一种能保持相对距离的力，当我们给门瓣一个推力，在外表的花瓣就会在保持相对距离的条件下沿推力方向倾倒，连花梗也会在外力的作用下弯曲起来。这种状态下的花头具备相当优美的动势。这种动势正是工艺雕刻所刻意追求的。我们要用雕刻的方法表现花头的动势，就必须在大脑中先建立这样的动势概念，才能正确地表现花头优美的动势。

三、雕刻圆形花头的基本方法

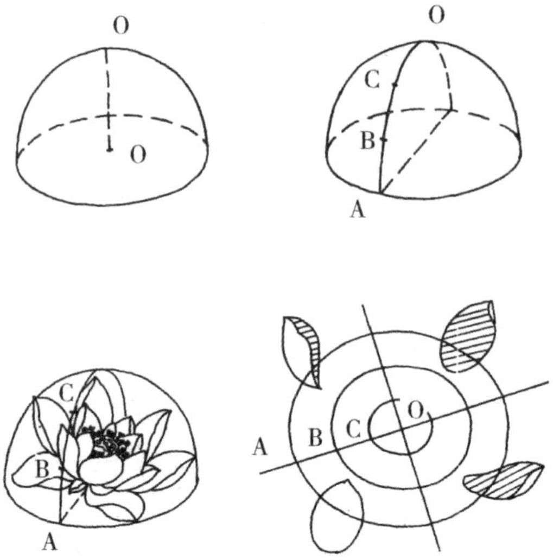

图 4－3　雕刻花头的基本方法示意图

（1）先不考虑花卉的品种特征，将花头简化成馒首形状。在这个馒首形状里可以雕刻出任何一种圆形花头。

（2）O 点是馒首形的中心点。根据设计图上的花头动势，在馒首形的料上做一条能代表花头动势的动势线。这条动势线要经过中心点 O，它的下端是 O/点，应当是花梗的位置。

（3）将动势线 OA 等分为 3 段。二个节点分别为 B、C。在 BC 之间，我们可以雕刻门瓣，在 AB 之间可雕刻 3 ~ 5 片翻瓣。

（4）从俯视方向看去，我们亦可以 O 点为中心，做三个半径不等的同心圆。圆 OC 为花心瓣区，圆 OB 为门瓣及翻瓣区，图 OA 为最外层的翻瓣区。如果在与动势线 OA 成 45°角的方位上做一个相互垂直的十字线。这样就可以把圆馒首形的料分成 4 个区域。在门瓣所在的区域里，花心瓣主要是表现花瓣的正面，在与其相对的区域里，要主要表现花心瓣的背面。在其余的两个区域里，要表现出花心瓣由正面向背面的逐渐过渡。翻瓣的表现也要体现这种规律。

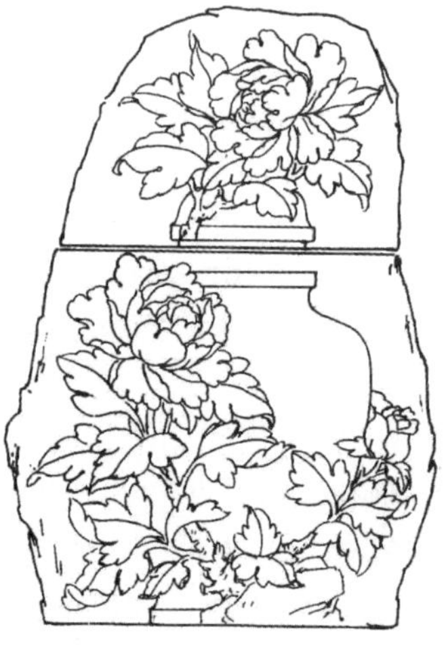
图 4－4　花卉瓶的工艺设计示意图

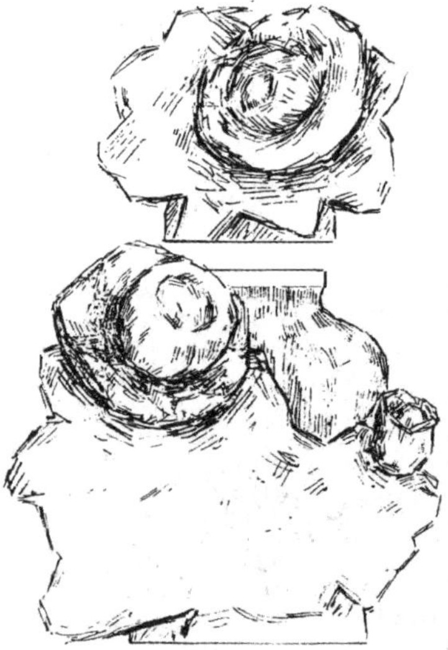
图 4－5　花卉瓶的坯工工艺——切块定位示意图

四、雕刻花头的实例

注意领会花头的动势及其之间的照应关系，注意门瓣与翻瓣的位置。
注意花瓣与花叶的动势、长法及厚度。
先将门瓣找出，然后逐一找出各瓣。注意花瓣的厚度及动势。

花卉瓶坯工工艺——首次修整示意图　　花卉瓶的细工工艺——精细定位示意图

图4－6　花卉瓶细工工艺完成示意图

第二节　雕刻花叶的基本方法

一、在雕刻叶子时，要注意叶子的方向

所谓方向，是指叶子生长的方向。大多数的叶子是“有倾向”生长的。但作为艺术表现，要特别注意“逆向”的叶子的处理。因为“逆向”的叶子能反映环境（主要是风）的状况，同时也能在视觉形象中，形成多样统一的艺术效果，因此，在“有倾向”处理花叶时，可在个别的枝叶上进行“逆向”处理，使之更有精神，更有力量，造成异军突起之处。例如，做风竹时，一律顺风长叶，是没有精神的，只要在独特醒目处加上几组逆风的枝叶，就马上产生挺立之势，给人雄健轩昂之感。由于叶子种类很多，在使用逆向处理时，也不宜相同。大体上像兰花萱草一类的叶子，宜用折叶；像芍药、菊花、牡丹一类的叶子，宜用掩叶；像碧桃、水仙一类的叶子，宜用反叶；像荷叶一类叶子宜用卷叶。

二、要处理好叶尖

因为叶尖是叶子动势的集中点，叶子有没有精神，全在叶尖趋向的转折上。如果叶尖的趋向没有处理好，整个花就像被霜打过一样，枯萎而没有生气。

另外，大多数的叶尖最好不要水平的朝向人的视线，因为玉雕是小型雕刻，所有的叶尖都朝向人眼，给人以扎眼和杂乱之感。在实际雕刻时，要有意识改变叶尖的方向。有一些叶子最好有垂下的趋向，这样才便于藏活。

三、处理好叶子的边

叶子的种类很多，质感也不同，有的柔嫩，有的肥厚，有的柔若凤尾，有的刚健挺拔……如果在叶子的边沿部分加工得当，就能获得预期的质感。

四、要处理好叶脉走向

叶脉处理很重要，处理得好，既可增强形象特征和动势，又可增加叶的质感。因此不易省略，要求加工细致些，不可马虎。

从工艺角度来看，雕刻还要考虑叶子之间支托牢固的问题。叶子很薄，叶梗很细，如果仅考虑构图要求，而不考虑支托与牢固问题，是不行的。叶子的翻转折叠，各具情态，是我们解决叶与叶之间支托与牢固问题提供了条件。从理论上讲，要解决好叶子的支托与牢固的问题，实际上就是一个“藏与露”的问题。“露得俏，藏得巧”就是处置叶子的原则。所谓“露得俏”，就是说凡是露在表面的叶子，要在其生长规律和外形特点的条件下，尽可能地翻转折叠，尽可能地显示叶子的特征。所谓“藏得巧”，就是说凡是起支托与牢固作用的叶子一定要尽可能地藏在姿态外露的叶子之下。要充分地利用生长规律的客观条件来调动人们的艺术联想，让人们用想象来承认它的存在，因此这部分叶子要求“藏得巧”，而根本不在乎它本身是什么形状。

为了把这个问题讲得清楚，让我们举牡丹为例。牡丹的叶子是属于掌状复叶，每一组叶子都是三杈九顶。表现三杈九顶，是表现牡丹不可缺少的特征。对于花头下第一层叶子来说，将三杈九顶做全是不难的，因为它全在表面上。问题在于第二层或第三层叶子的处理。第二、三层的叶子，只能有一杈是外露的，余下的叶子则是起支托作用。所以，我们在安排叶子时，不能从三杈九顶的结构出发，而只能考虑成一杈二顶或三顶，至多也只能考虑二杈五顶或六顶。只有在派活时的不全，在找活时才能做出三杈九顶的效果。如果我们在派活时就将三杈九顶安排全了，那么在找活阶段就不好安排了。

第三节 雕刻枝梗的基本方法

枝梗在花卉造型中的作用是取势传情。但从雕刻方法来看，雕刻枝梗要注意两个问题。

一、注意枝梗的肌理效果

肌理，外来词汇，为现代美术常用词汇。它是指物体表面的组织结构，也就是平时常说的质感，纹理等。自然界中有许多物体有丰富多彩的肌理效果，如树干、山石的表面、叶脉、木纹等。肌理是有表现力的，所以玉雕花卉要处理好枝梗的肌理效果。

花卉的种类虽然较多，但枝梗可分成两大类。一类是草本，一类是木本。只要我们遵循“木本宜苍老，草本宜纤丽”的原则，就能大体上把握雕刻的要求。在实际生活中，有些木本花卉的枝梗外皮不一定是很苍老的，但雕刻时却依然要把它做成苍老的样子。只要适应艺术表现的需要，完全可以突破生活真实的限制。但这也不是说可以不加区别。在实际生产中，我们还要针对不同的花木，施以不同的皴法，来达到不同的肌理效果。例如：碧桃的老枝要横皴，新枝要直上而粗肥。梅花的老枝要苍老，要有树疤、疙瘩、枝杈等，嫩枝要瘦，才能有铁骨铮铮之势。松树的外皮要采用鱼鳞式的皴法。柏树的外皮要采用纽式皴法。牡丹的老枝要苍老，枯杈较多。月季的枝干要润，新枝要柔。山茶的枝干要润。石榴的枝干外皮要枯瘦。

二、注意“穿枝过梗”的工艺处理

穿枝过梗，是协调花叶与枝梗的艺术原则。从雕刻角度加以研究时，应当“藏”与“显”的辩证关系上去探索。

像雕刻梅花、碧桃、玉兰、松、柏等花和树时，枝梗与花头，或枝梗与花叶是并重的，因而，这类枝梗的雕刻是以“显”为主，应当注重枝梗之间的依托保护问题。在实际使用中，枝梗都处于“显”的位置，枝梗大都采用女字形式三角形结构。

像雕刻牡丹、月季、山茶、菊花等花卉时，则以花头和叶子为主，枝梗要尽可能地“藏”起来。但是，完全地把枝梗藏起来也不行，所以就产生了表面上是“藏”，实际上是“显”的工艺表现方法——“穿枝过梗”，达到增加景深，丰富层次的效果。

在实际雕刻时是采用如下方法的：例如，我们在雕刻牡丹花时，要在牡丹花头的门瓣下面，即花叶与花托之间切一个小三角形的浅洞，将花梗做出。然后即安排几组很密的叶子将花梗掩盖起来。在临近地面时再做出枝梗。这样，牡丹花的枝梗就处于时显时藏，而且是藏多显少的状态。虽然在实际上它们并不相连，只要在雕刻时适当地考虑它们之间的联系，观众就能从二端“显”枝梗处（尽管显得很少），来感知实际上并不存在的枝梗。因此，正确地选择一两个能“显”枝梗的点位，考虑之间的趋向，就能正确地处理穿枝过梗工艺。

第四节 玉雕花卉瓶的制作工艺

花卉瓶是玉雕花卉产品中最有代表性的表现形式。现用“岫玉牡丹花瓶”的制作过程来说明玉雕花卉的制作工艺。

一、工艺设计

图所示为“岫玉牡丹花瓶”的设计图稿。这是设计人员根据玉料的形状、质地和玉雕花卉瓶的式样特点而设计出来的。制作者在动手制作前应仔细领会设计师的构思，并对各个部分的高低起伏，各种相应块面的划分做到心中有数。一个熟练的操作者见到图纸后就应当在大脑中出现一个具体的立体形象。

图所示为玉料勾样后的状态。注意：勾样时并不是将设计稿移画在玉料上就行的。瓶身部分要比原设计图下移 8 ~10 毫米。这是为瓶盖的制作而特意加放出来的加工余量。这段加工余量包括瓶盖的制口，切割玉料时必要产生的锯口损耗，以及平整瓶口的加工余量。注意将瓶盖用料的实际位置上移 5 毫米。

图 4 –7 岫玉牡丹花瓶设计图

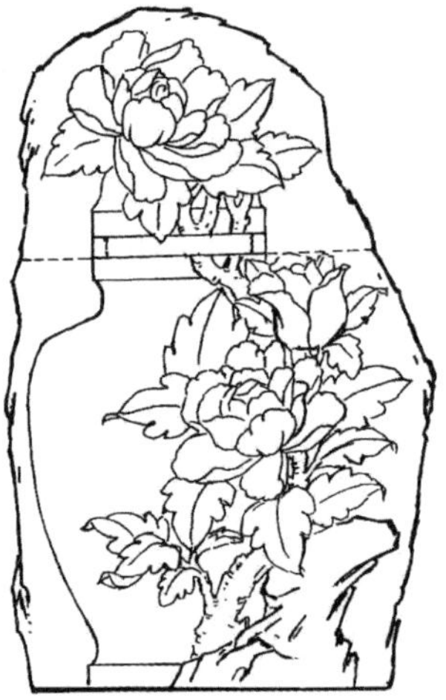

图 4 –8 岫玉牡丹花瓶工艺设计示意图

图 4 –9 断出瓶体和瓶盖示意图

二、坯工工艺

本节是从玉料被加工后的不同状态来说明玉雕花卉瓶的制作工艺。与本编第一章所述工艺原理是相互印证的。请读者把握两者的内容。

坯工工艺可分为：

1. **断出瓶身、瓶盖料**

具体到这一件产品，应按图所示虚线位置将玉料切成瓶盖和瓶身两部分。切割应当很准确，不能走锯，锯口越小越好，锯口越光洁越好。如能保证上述要求，可免去瓶口再次找平的麻烦。玉料切开之后，应像图所示，及时地在断面上绘出玉瓶身、玉瓶盖的十字中心线及其投影轮廓。

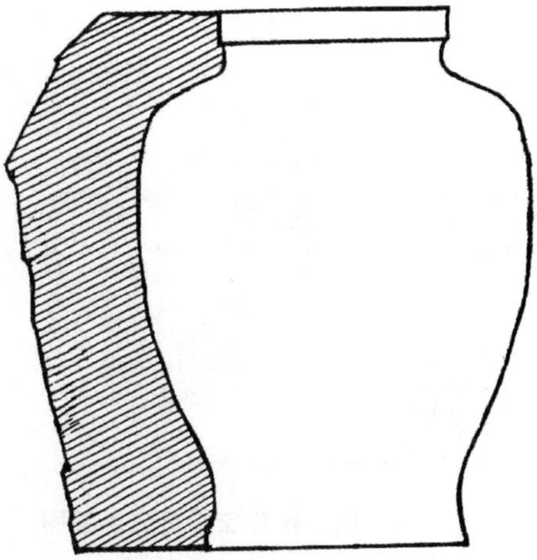

图4－10　玉料背视图

2. **找瓶身**

玉雕花卉瓶的制作应从找瓶身开始。由于玉瓶的主要影像在料的背面，故先从玉料的背面做起。先从玉料的背面做起，这是玉雕花卉瓶工艺的特点。因为“玉雕花卉瓶”的主载体是背面的“瓶”。

制作时先用铡铊、錾铊沿墨线将玉瓶的轮廓线切出。将瓶体周围的余料去掉或推落。由于前面的牡丹花尚未确定，所以，在后面料上找瓶身时，推落要有余地。不能将料推落太深，以免牡丹花叶不好做。瓶体不必急于裹圆，只要像图所示的样即可。至此，可参考图所示的样，从正面将玉瓶和牡丹花用料分开。

至此时，应从俯视、侧视角度来观察瓶身与牡丹花的用料是否合理。如留做花的玉料不够厚可压缩瓶身的厚度；如留做瓶身的玉料不够厚，而留做花的玉料较多时，亦可适当地推落，使玉瓶能丰满些。总之，在这阶段，应保证瓶身与牡丹花都有足够的用料。

3. **确定花头位置、动态余料**

做花头，应先切出花头的外轮廓——一个有方向、状如馒首形。按本章第一节所述方法，依次找出门瓣、翻瓣和花的中心点，然后再确定各个花瓣的位置。注意花瓣之间的分界线不可太深，切不可出现深槽，这样，以便于花瓣外轮廓线的修改。

图4－11　二次勾样示意图

4. **确定花叶的位置**

确定花叶的位置，要按本章第二节的方法进行。第一层叶子的根部要压在花头之下。要使每一层叶子都有相应的厚度，以便找出叶子的翻转起伏。只要层压一层地切出叶子的外形轮廓，并保证每一层叶子都有一定的厚度。靠近瓶体的叶子应与瓶体很舒服地相贴而不能“长”到瓶体里，并要保持叶子的舒展和神态。此时，亦不能掏叶子下面的料。

（1）做门瓣

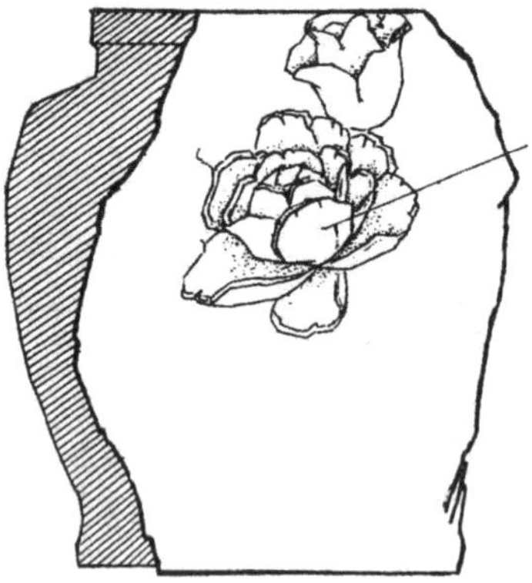

图 4－12　花头雕刻方法示意图

（2）雕花叶

图 4－13　雕刻花叶方法示意图

5. 穿枝过梗

穿枝过梗的实施是有条件的，应在花头、叶子已做得相当细致，已达到精确定位的状态时才可进行。枝梗的推落要注意深浅层次，不可太深，以致枝梗与瓶身相“吃”。

先将枝干的层次分出。然后将枝叶之间的空隙镂空，并找出枝干的基本形。

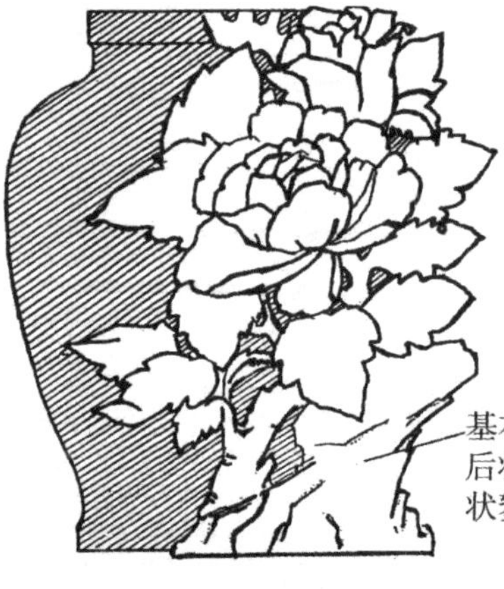

图 4－14　枝干雕刻方法示意图

图 4－15　雕刻山石方法示意图

6. 找山石

枝梗确定后，可顺势将山石做出。

7. 做瓶盖及花

做瓶盖的方法已和瓶身一样，是从玉料的后面入手，先将做瓶盖的料形和做花的料分开。然后将瓶盖的轮廓确定下来。此后可按照花头、花叶、枝梗的顺序依次做出。

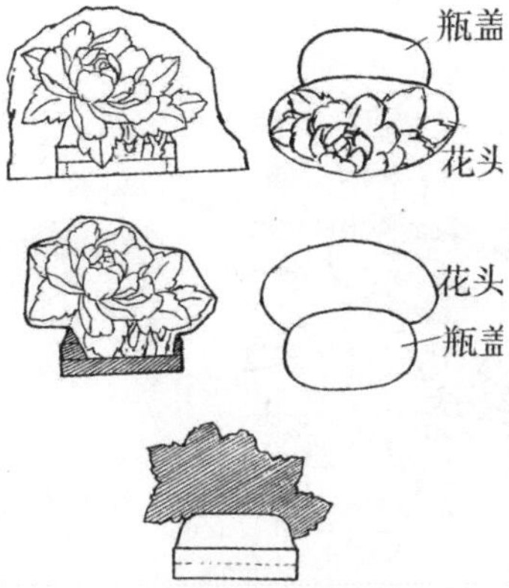

图 4－16 瓶盖部分制作示意图

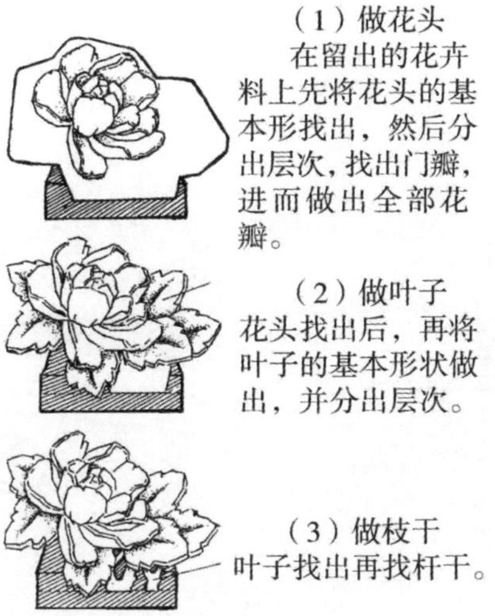

图 4－17 瓶盖花头制作示意图

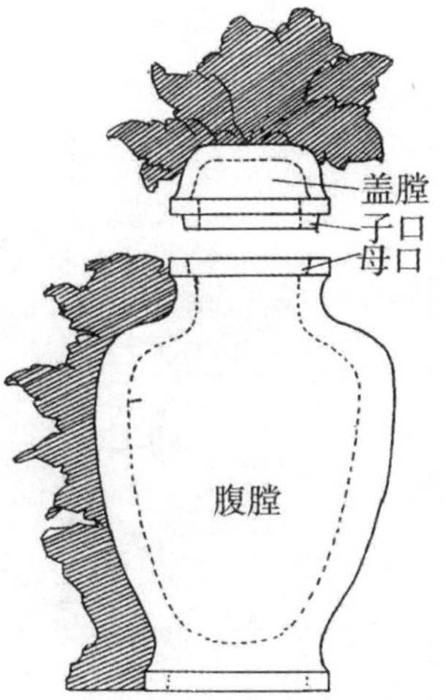

图 4－18 玉瓶内部结构示意图

三、细工工艺

细工工艺从瓶体开始。

1. 瓶身、瓶盖外造型的确定

由于牡丹花已经确定，故可将瓶身、瓶盖的外形找规矩。之后可将瓶身、瓶盖的表面做细。

2. 瓶身、瓶盖的打钻掏膛

待瓶身、瓶盖的外造型做好之后，便可打钻掏膛。膛壁不宜太薄，膛腹也不宜大。

3. 瓶身与瓶盖的制口制作

制口的制作方法在器皿一章已有详细介绍，参考有关方法。

4. 花头的细致加工

5. 花叶的细致加工

6. 枝梗的细致加工

以上三个加工步骤，是从花头开始的，依次是花叶及枝梗。细致加工要反复进行多次。所以，细工工艺不要在一个部位上作过多的雕琢。

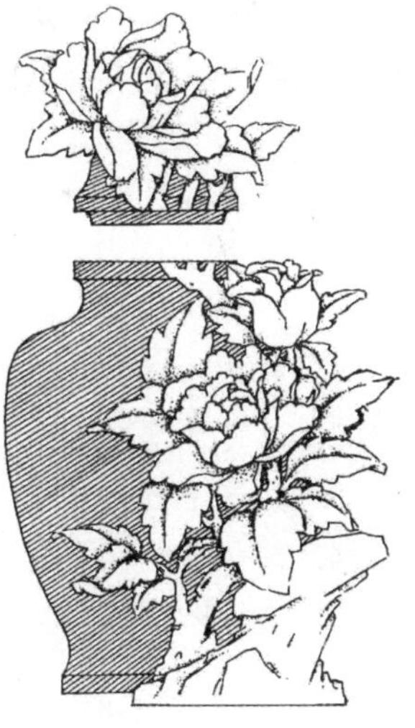
图 4－19 玉瓶精细加工示意图

瓶盖的花与瓶身上的花，要交替制作。这样可保证整个花卉瓶的一致性。

在细工工艺阶段，选用工具以小型为主，但具体部位要用哪些工具并无要求，制作者可自行选择。

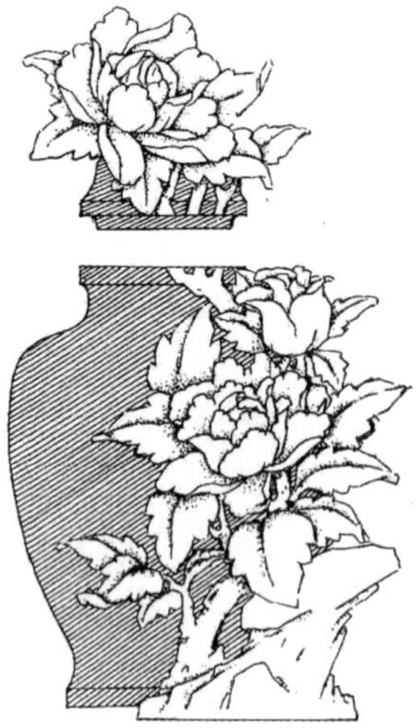

图 4－20　玉雕花卉瓶完成示意图

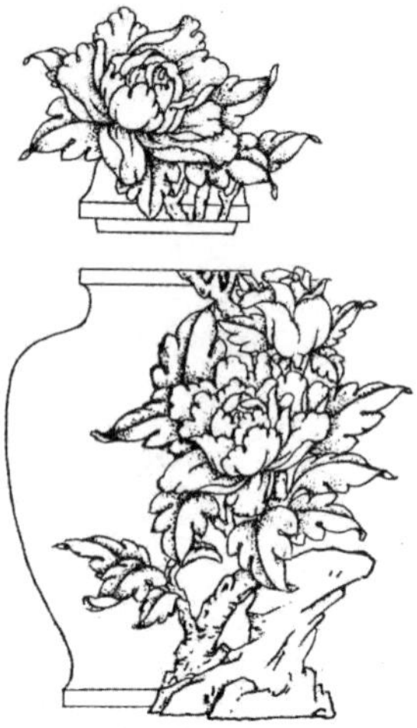

图 4－21　玉瓶精细加工示意图

四、细部修饰

细部加工是在整个细坯完成之后进行。操作者用喇叭口、球棒、尖头棒、枣核棒、勾铊等小型工具做好花卉的细部，如花蕊，叶筋等。

细部加工应从最里层往外进行。

复习思考题

1. 玉雕花卉可分解成哪几部分制作技术?
2. 认真体会花头、花叶、花梗的基本雕刻方法。
3. 如何正确处理“穿枝过梗”工艺?
4. 花瓶雕刻的坯工工艺有哪些步骤和操作要点?
5. 花瓶雕刻的作细工艺有哪些步骤和操作要点?

第五章　玉雕鸟制作工艺技术

第一节　玉雕鸟的造型特点

一、鸟　头

鸟头，是显示鸟种类的重要部位。但各种鸟的头形，大都是卵圆形，卵圆的长短因鸟的种类不同而异，如枭鸱头接近圆，鸭头则窄长。鸟的眼睛位于头的两侧，邻近口缝的上方，嘴角和眼的位置因鸟的不同而略有变化，如鹭鸶的眼位置偏前，鸭的眼位置就偏后略靠上，眼睛的大小也因鸟而异，小禽一般较小，猛禽较大。

鸟嘴上下都能活动，一般上嘴比下嘴要长而宽，由于鸟的种类不同也各有特点，这与它们的食性有关。食虫的鸟嘴多尖细，如绣眼、画眉、鹡鸰、柳莺等。食谷的鸟嘴多短粗，如腊嘴、麻雀、芙蓉鸟等，食肉的鸟嘴勾曲锐利，游禽类由于食鱼虾嘴多扁阔。涉禽因常在浅水中，腿较长，为了捕食方便，所以它的嘴也就又细又长。

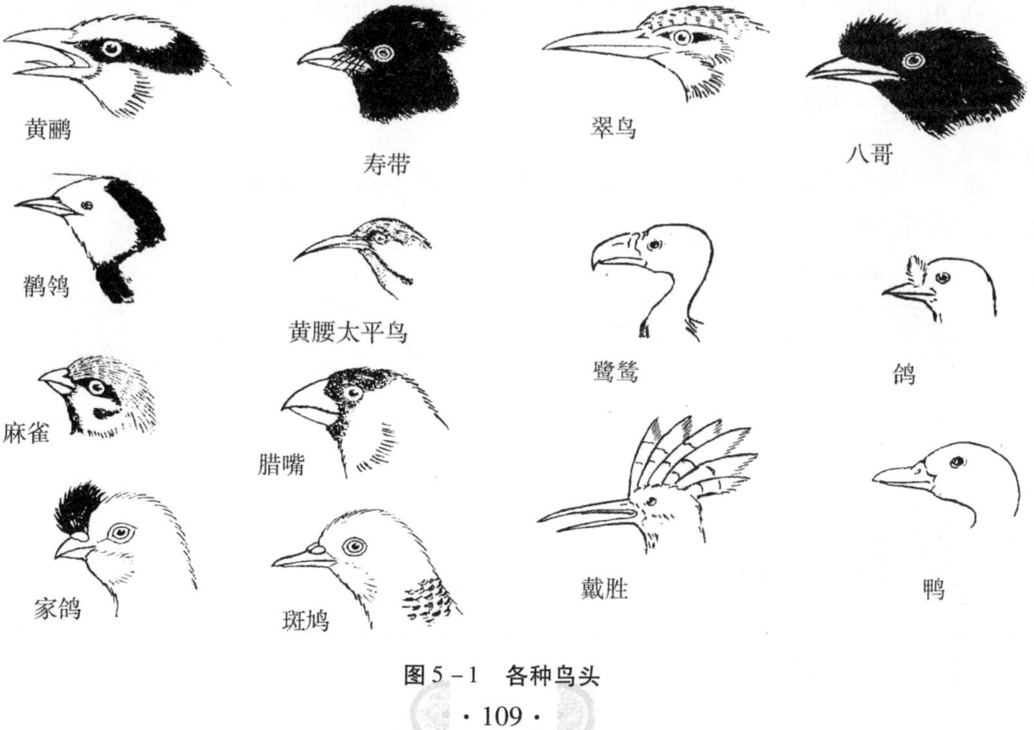

图 5－1　各种鸟头

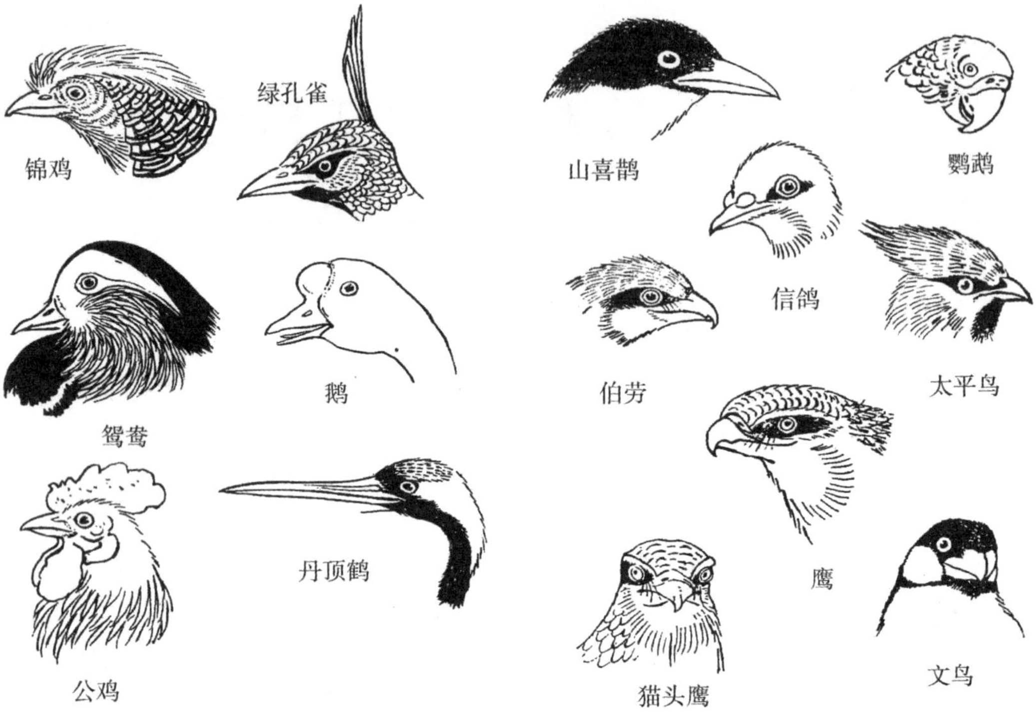

图 5－2　各种鸟头

鸟的头一般都生有细毛，也有的裸露。部分皮肤，如鸡头顶的肉冠，颚下长有肉瓣下垂；仙鹤顶部长着红色的肉疣；火鸡和秃鹫头部几乎全部裸露。还有些鸟类生有较长的冠羽如孔雀、戴胜、锦鸡，另外八哥额部长有耸立的帻毛。

二、翅　膀

翅膀，是鸟飞行的重要器官。翅上的羽毛根据不同的位置和作用可分为飞羽、复羽、小翼羽三类。

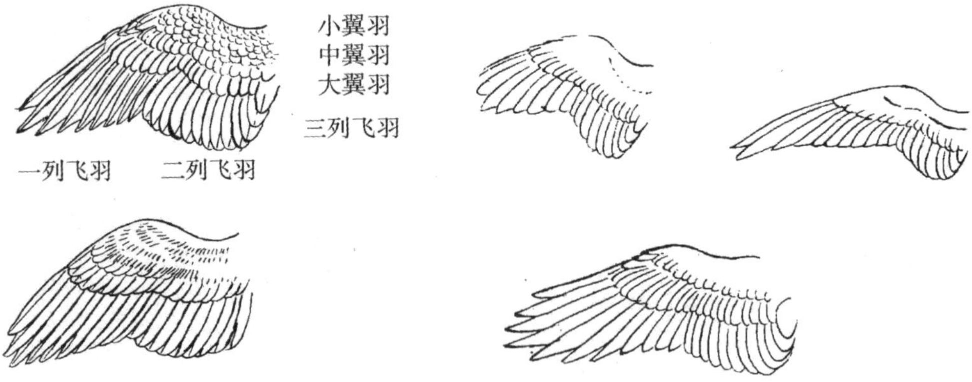

图 5－3　翅膀的形状

飞羽是翅膀上坚硬的飞翎，可分为初级飞羽、次级飞羽、三级飞羽、小翼羽。初级飞羽（又称料凤羽）最长，生在掌指骨上。次级飞羽很少，上部多为肩羽覆盖，鹤的三级飞羽长度超过初级飞羽，在翅合闭时往往有人误认为是尾巴，生在拇指骨上的几根纵列的小羽翎覆盖在飞羽上，称为小翼羽，又叫“千斤毛”，它的作用是可以调节鸟的体力平衡。复羽是覆盖在飞羽根上的短羽毛，就像是叠复在翅膀上方的小瓦片。复羽有大、中、小和初级复羽几种。

飞羽、复羽和小翼羽的排列方式却是内边羽毛压住外边羽毛，从翅的底面看则正好相反。大多数的鸟翅膀初级飞羽明显长于次级飞羽，但有些鸟的次级飞羽与初级飞羽几乎同样长。初级飞羽的长短及翅膀的宽窄、形状的不同与鸟的习性和飞翔能力有关，如燕子飞行迅速，初级飞羽就长。鹰善于在高空翱翔，翅膀宽阔有力，初级飞羽特别长大，鹌鹑初级飞羽与次级飞羽相近故而不善飞翔，它的翅膀短而圆。

三、躯　干

鸟的躯干基体形也近似卵形，一般前边略粗，后边较细，因鸟的种类不同，躯干的长短也不同，如水禽的躯干比其他禽类要长一些。躯干的上面是背、腰，下面是胸腹，两侧为肋。

图 5－4　鸟的结构示意图

四、鸟腿及足爪

我们常说的腿脚实际上是指露于体表的胫，跗蹠和趾三部分，鸟的股骨足生于体内的，所以外部看不到。一般鸟的胫部大多被羽毛覆盖，跗蹠部分全部裸露。跗蹠是鸟脚最显著的部分，是跗骨与蹠骨愈合一起形成的，易误认为腿部。有的鸟胫部上方生毛，下部裸露，并可见到胫和跗蹠交接处肥大的关节，如鹤、鹭鸶。另外有些鸟跗蹠生有羽毛，如鹰、枭和某些品种的鸡、鸽等。

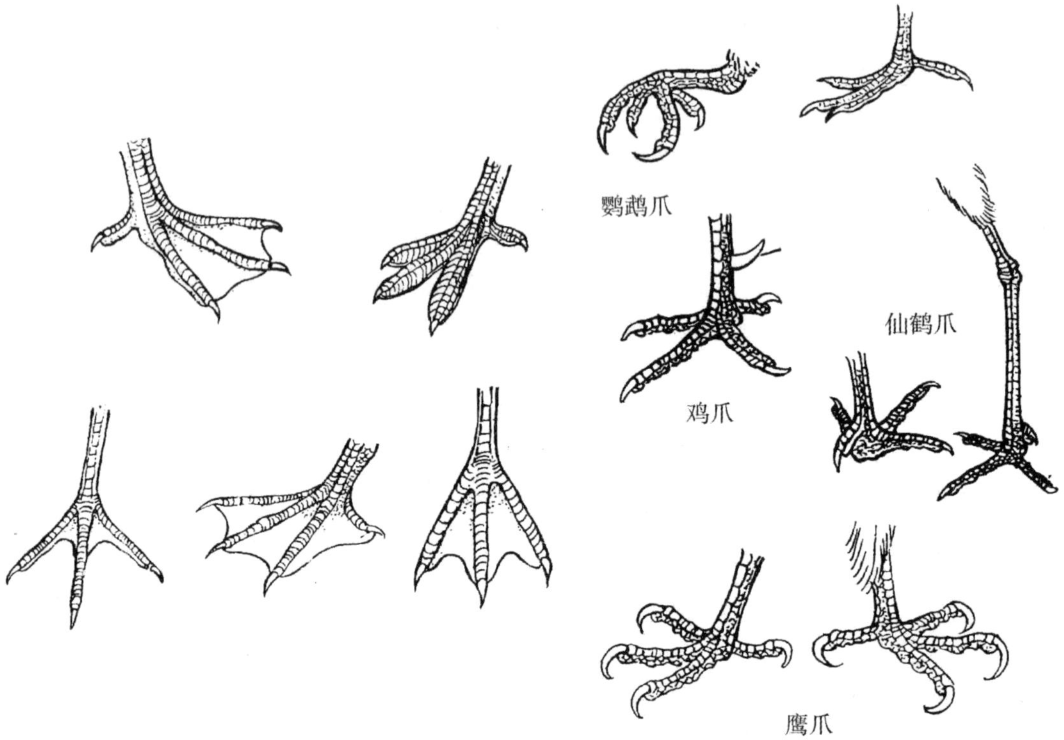

图 5－5　游禽爪、各种鸟爪示意图

鸟的跗蹠部分是前面圆肥，后面窄瘦的圆棱柱状，前方成瓦片状横纹，两侧为细碎的网状纹，有的无鳞纹成靴状，还有的鸟在跗蹠部后面内侧有尖锐的角质突起物，称之为“距”，如雄鸡，雄雉等。

鸟的趾大部分有四趾，三前一后，各趾分离，各趾的骨节数各不相同，外趾为五节，中趾四节，中趾四节，内趾三节，后趾两节各趾顶端生有爪甲。

鸟的足部由于不同的生活环境与习性，差异很大，可分为趾足和蹼足两种，趾足常称为“爪”，绝大多数禽鸟都有趾足，水禽和涉禽前趾间有蹼膜相连或基部略有蹼膜，这种足叫蹼足。趾足和蹼足也有多种。趾足主要分不等趾（鸣禽类）、对趾（啄木鸟）、前趾（雨燕）、并趾（趾的基部互相并生如翠鸟）、异趾（杜鹃）、半对趾（鹰）等几种类型。蹼足有半蹼足（鹤）、全蹼足（鹭鸶），凹蹼足（燕鸥）、蹼足（鸭、鹅等）、瓣蹼足（鹛虎鸟）几种。

五、鸟　尾

鸟尾生干躯干的最后部，它可以变换飞行方向，增减速度。尾由成对的尾羽组成，一般尾羽为10～12根，多的可达30余根。中间一对在上面的叫“主尾”，分列两侧的叫“侧尾”，尾的根部上下由复羽覆盖。鸟尾的形状甚多，因种而异，主要有平尾、凸尾、尖尾、圆尾、楔尾、义尾、铗尾等（图5－6）。

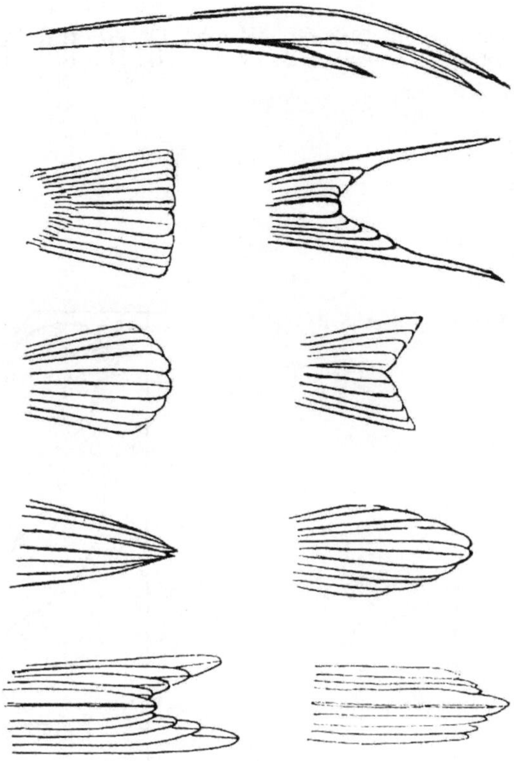

图5－6 各种鸟尾示意图

六、鸟的姿势

鸟的姿态无非是静止和运动两种，由于鸟的种类、性格不同，可以也有不同的姿态。一般静态有眠宿、休憩、伏卧等。鸟在静态情况下整个形象显得比较稳定，眠宿时大多缩颈、闭目、敛翅、垂尾，曲颈回头把嘴插在翅膀里，肋下的毳毛包住翅缘，将跗蹠前曲平放在腹羽里。有些跗蹠较长的鸟如鹤、鹭之类，前曲不便，睡眠和休息时只能站立，有时为了减缓疲劳往往一腿直立一腿抬起。

鸟在直立时，整个躯干成为前高后低的倾斜状，并且利用支持全身重心的跗蹠形成角度因鸟的种类不同而有区别，游禽直立这种角度就小，涉禽较游禽稍大，鸣禽则更大些。

鸟的动态主要有飞翔、跳跃、鸣叫、饮食、洗浴、理羽、剔尾等多种。鸟飞行时有平行、侧飞、上飞、下飞，而且头、翅、尾、腿足等都互相配合，有不同的姿势，如鸟在上飞时，尾必下垂，下飞时尾必上举。大多数鸟在飞行时鼓翼缩头，腿向后斜。鹤类是大型涉禽，飞行时头、颈、腿前后直伸。鹭是大、中型涉禽，但飞行时颈部常常弯曲成“S”形。鸟在降落时则两翅高举，头颈、腿向下伸出。

第二节　玉雕鸟类产品的制作工艺

一、工艺设计

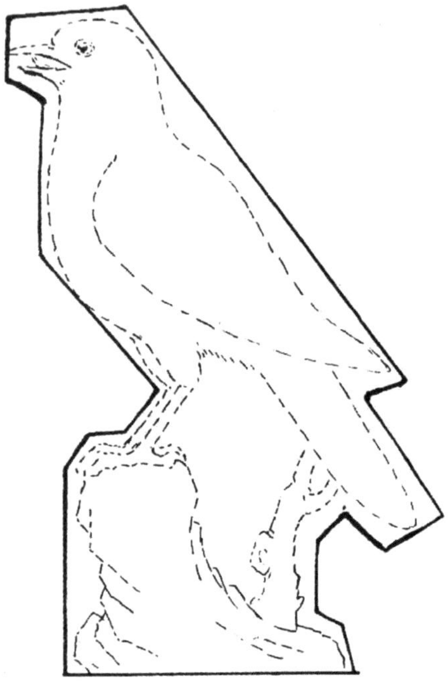

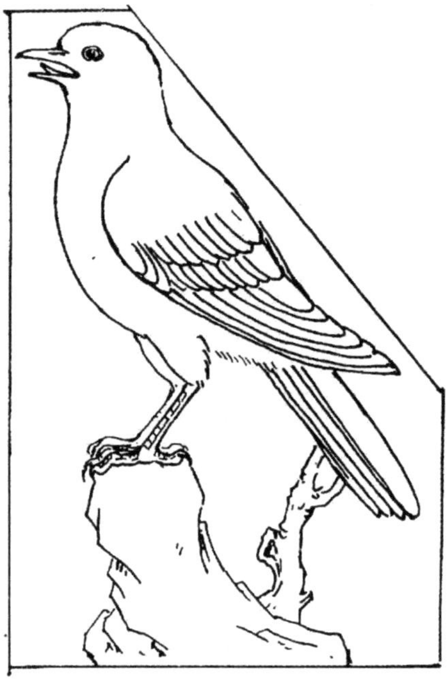

图 5－7　玉雕鸟的工艺设计示意图

工艺设计的表面形式总是以在玉料上勾样开始的，不论是设计师还是制作者都要按设计图将玉鸟准确地画在玉料上。细部可以省略，但外形轮廓则要求绝对准确。因为这是实际上出坯的依据。

虽然在玉雕鸟类产品的工艺设计中，总是以画鸟的侧身影像为主，但制作者还要从多个方位来把握玉鸟造型的动态。鸟头动态上微妙变动，可使玉鸟造型发生质的变化。

在此阶段，应先将玉鸟的造型分解成几个体积块，不要被鸟那圆的形体所迷惑，应尽量用方的形体去表现。

掌握这些内容实在是比勾样重要的多。极熟练的玉雕技师因熟记了玉鸟在各种方向上的形体，所以不用勾样也可以做出栩栩如生的玉鸟。

二、玉雕鸟类产品的坯工工艺

坯工工艺就是在玉料上雕刻出玉鸟的基本造型。从图所示可知，坯工工艺是逐步地，是一个不断细化的过程。用铡铊先将轮廓线以外的余料除去，接着换錾铊进一步剥切余料，找出鸟的基本造型。在出坯时可参照泥稿进行，使用铡铊、錾铊要做到“稳”、“准”、“狠”，既不能“伤活”，又不致造成“扒皮”现象。去余料时鸟的头和腿都要留有余地，因为头部的嘴和腿比较细，尤其是鸟腿支持着全身的重量，如果不留余料，在以后的制作中很容易断裂。

玉鸟的基本造型找出后，用冲铊和轧铊等工具将坯子表面铡铊、錾铊留下的痕迹和一些小棱角研磨掉。鸟的表面找平后出坯即告结束。

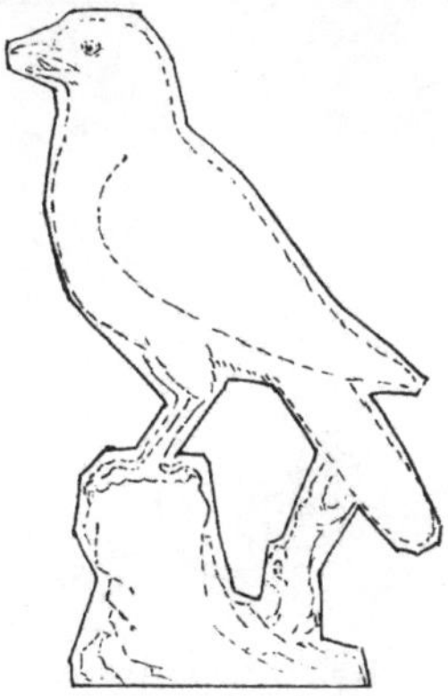

玉雕鸟坯工工艺——二次画样示意图

玉雕鸟坯工工艺——切块定位步骤示意图

玉雕鸟坯工工艺——首次修饰完成示意图

图 5－8　玉雕鸟坯工工艺示意图（一）

三、玉雕鸟羽毛的细工工艺

1. **羽毛的勾样**

粗坯完成后，先要在上面细绘一遍，将鸟的各个部位形状位置画准确，然后用适合工具琢出如翅膀、头部动态、形状以及肌肉等，接着勾翅膀和尾上的羽毛。玉雕鸟的羽毛在处理手法上近似国画工笔花鸟的方法，但不同的只勾飞羽、复羽和尾羽。复羽勾成叠复的鱼鳞状，中间挤出一道硬棱表示羽轴，飞羽和尾羽中间的羽轴用双勾。这种勾羽毛方法是玉雕鸟的传统做法。

在坯子上细绘的时候，翅上的复羽和飞羽应全部画出，如果做小鸟有时只画飞羽就行了。复羽排列要均匀，从翅前边开始往后一个压住一个，像屋顶的瓦片一样。飞羽是内压外。尾羽是“主尾”压“侧尾”，侧尾内压外。

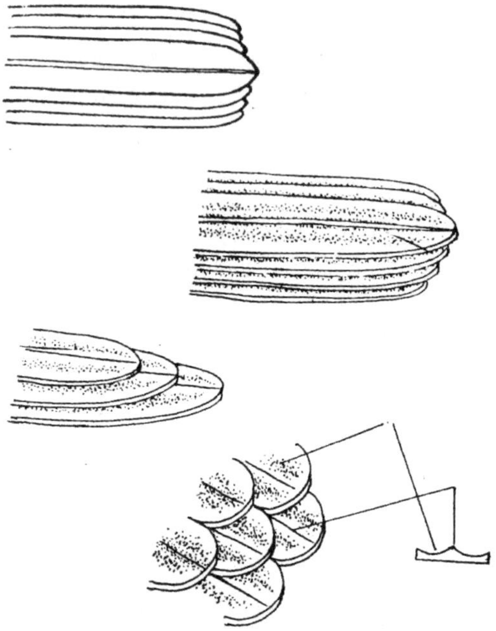

图5－9　尾部羽毛雕刻方法示意图

2. **勾羽毛的工具及方法**

勾羽毛一般使用小勾铊，铊子的直径可根据鸟的大小来选择。勾尾羽、飞羽的铊子直径要比勾复羽的大一些。有人在勾完尾羽、飞羽，待铊子换小后再勾复羽，这可以充分利用工具，也可节省换工具的时间。勾羽毛，铊子要求规矩，不然勾不好。

勾毛时铊子要落在墨线外侧，因为铊片本身有一定的厚度，如果落在墨线中间，勾出的羽毛往往要比原来画的轮廓线要小些。开始勾时，铊子先要沿着轮廓线勾成许多浅而短的，间隔差不多的小直线，然后再将它们连接起来并加深。这种方法的好处是铊子不容易偏离轮廓线，而且便于修改。

羽毛勾好后，原来的轮廓线现在全变成了阴线。这时可用小轧铊从复羽前边开始将每一层复羽琢去一薄层，使其像瓦片那样一层叠复一层，每片复羽中间要挤出一道硬楞表示羽干，飞羽、尾羽制作步骤方法与复羽相同，羽下两边要琢去一层，使其凸起一些。这种制作羽毛的工艺技法行业称为“撤毛”。

“撤毛”要用很细的金钢砂。

四、玉雕鸟头的细工工艺

鸟的羽毛完成后，下一步是制作嘴和眼睛。先作鸟嘴，将鸟嘴的轮廓琢好，然后画出嘴的形状。

图 5－10 鸟嘴雕刻方法示意图

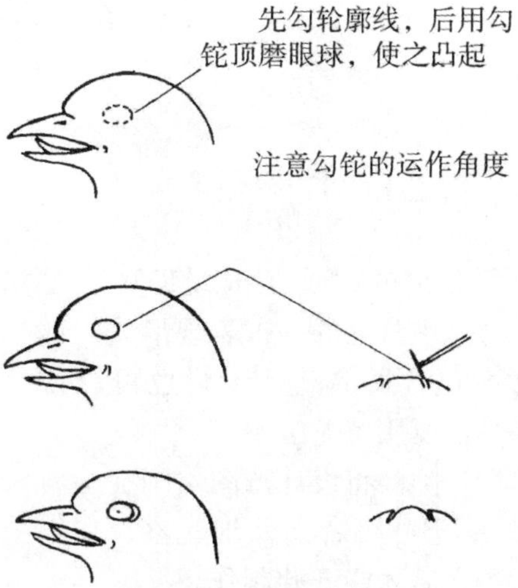

图 5－11 鸟眼雕刻方法示意图

鸟嘴有张开和闭合两种，闭合的制作较容易，只需用勾铊勾出嘴缝，再用小轧铊将下颚略琢去一些，使上颚稍宽于下颚，在上颚基部勾出鼻孔就行了。张开的嘴工艺要复杂一些，因嘴内的舌也需做出，操作时稍有不慎鸟舌就会断裂，使整个产品报废。其工艺方法是：用勾铊从嘴前方入手将舌前方的余料轻轻地一点一点剔去，同时用铊子顶贴平舌的表面，然后再以嘴的两侧入手用铊子剔去舌上方的余料。

勾眼睛的勾铊直径大小应比眼略大些，先勾轮廓线，方法与勾毛相同。轮廓勾好后再用铊子前面顶磨眼球使之凸起。顶磨时铊子应向眼内方向倾斜，同时铊子应“吃进”轮廓线里一些，这样眼球就包在眼皮里了。最后用小尖头棒顶出瞳孔。

五、玉鸟鸟腿脚的细工工艺

勾好鸟眼后开始做腿脚，先是用勾铊或钉铊分出脚趾，剔去趾部余料，然后做出趾节和爪类，最后将爪尖剔透。爪完成后用杠棒将腿琢细，到此，鸟的全部工艺制作就结束了。

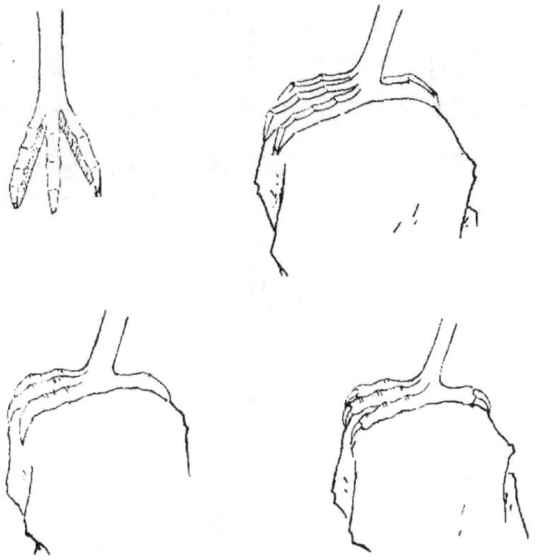

图 5－12 鸟腿雕刻方法示意图

第三节　黄龙玉绶带鸟的制作工艺

一、工艺设计

图 5－13　黄龙玉绶带鸟的工艺设计步骤示意图

本节所介绍的“黄龙玉绶带鸟”是玉雕鸟类产品中常见的一种表现形式。如有形状和颜色合适的其他玉料也可以使用，并非一定要用黄龙玉不可。

虽然设计师已将设计意图勾画在玉料上了（图），但雕刻者要仔细观察，在把握设计意图之后才能开始制作。

绶带鸟是这件产品的主要形象。对它的刻画是最主要的。绶带鸟的冠羽、嘴、爪、长尾是制作时容易出问题，并且是出了问题还不好修改的部位，故应注意“保活”问题。

山石是绶带鸟的支撑物，也是产品的底盘，由于鸟的体积较大，也较重。所以，对山石的处理应以厚重为主，这样可增加产品摆放时的稳定性。如果山石做得太薄、太透反而不好。

山茶花虽然也是陪衬物。但它的存在有 4 个作用。①山茶花造型优美，可增加产品的工艺性和观赏性。②山茶花又是绶带鸟的依托物，免得绶带鸟的长尾断裂。③山茶花枝干的生长趋势线与绶带鸟回首的形式相交形成楔形。这种构图扩大和深化了绶带鸟回首运动的内含，增加了绶带鸟的动势。④山茶花株的存在给这件产品带来了活泼、明朗的情调。

二、坯工工艺

由于这类工艺品造型较为单纯，鸟的前后形体又处于对称位置，不存在用料上的位置差，因而可以用很准确的形式线来概括绶带鸟的影像轮廓。

此玉料为板状，厚度略大于鸟的两翼厚度。用铡铊和錾铊可以很方便地切出代表绶带鸟的体积块。在切去余料时，顺便将绶带鸟与山茶花的层次关系确定下来。注意，鸟嘴和鸟腿脚部分应留有较大的加工余量。

接着，便可进行较精确的切块定位和推落派活。然后用冲铊和轧铊将粗坯表面做细，形体结构做准。

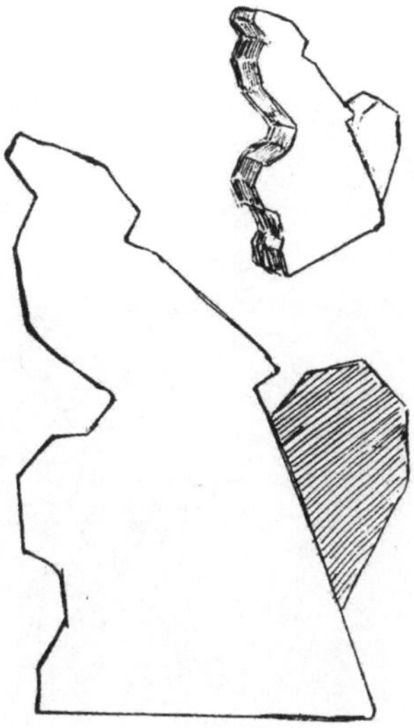

玉雕鸟坯工工艺——切块定位步骤示意图

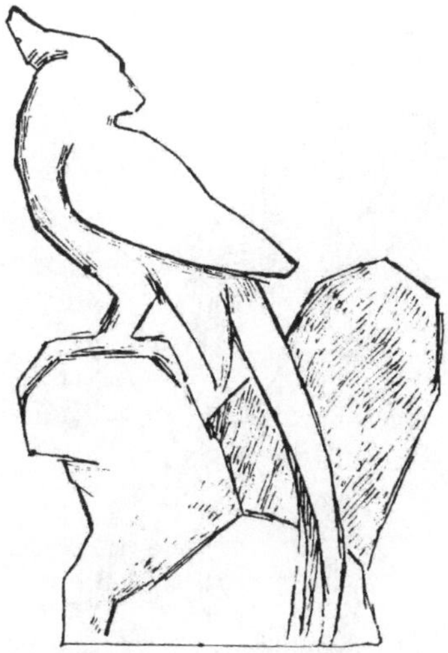

玉雕鸟坯工工艺——推落派活步骤示意图

玉雕鸟坯工工艺——首次修饰步骤示意图

玉雕鸟细工工艺——精细定位步骤示意图

图 5－14 玉雕鸟坯工工艺示意图（二）

三、细工工艺

细工工艺从勾撤鸟毛开始。依次是鸟头、鸟腿脚、山茶花的精确派活。之后，应将山石、山茶花做完之后，再做绶带鸟。一般地说，细工工艺要反复进行好几遍，因此，每次加工都不要固定在一个部位。但每一遍各部位的进度却要大致相同。

玉雕鸟细工工艺——派活步骤示意图

玉雕鸟细工工艺——精细修饰步骤完成示意图

图 5－15　玉雕鸟坯工艺示意图（二）

四、细部修饰

在细工工艺之后进行。在此阶段主要解决各部位形象的精细加工，如鸟嘴、透爪、勾眼、做花蕊、勾叶筋等。总之，是一些易损坏或需要精细刻画的部位。

复习思考题

1. 认真体会鸟的头、翅、躯干、腿足、尾的形态特征及姿态。
2. 玉雕鸟类在各工艺阶段须注意的问题有哪些?
3. 玉雕鸟羽毛和头部细工工艺时使用什么铊具?是如何使用的?

第六章 玉雕兽类产品的制作工艺技术

第一节 制作工艺特点

玉雕兽类摆件的制作工艺步骤与本编第一章所述内容相同。

但由于所刻画的形象不同，造型的特点不同，所以，玉雕兽类产品的制作工艺仍有许多值得注意的地方：

（1）出坯时，一般先从兽头开始，继而是躯干，最后是四肢。

（2）在切块分面时，对头部和四肢应留有较大的加工余量。

（3）对细腿的兽——如马、鹿、羊等，一定要留有辅助性的“临时支柱”，让两只前腿或两只后腿暂时分别连起来。待进行到细坯时才去掉。

（4）做兽的四肢时，应运用“先方后圆”的原则。因为这样做，容易做准四肢的结构。只是在细坯阶段时才将“棱”裹圆。

（5）在粗坯阶段，主要是运用铡铊、錾铊进行形象的确定。待基本形已确定后，用冲铊、轧铊将表面琢平，然后才开始细找兽的结构。

（6）细部加工应在细坯阶段去完成。不要在粗坯阶段就作好某些部位的形象。

（7）兽脊是表现兽动态较好的部位。制作时要经常以兽脊作为观测点，来检查兽的动态是否好、兽结构是否两边匀称等问题。

（8）玉雕兽类摆件有单件、对件套件、群雕之分。

对件，要求两件摆件中的兽大小一致，但动态形成轴对称关系。决不能出现“一顺边”的造型。

套件，常见的有5套件、8套件。套有两种不同的含义。一种是“大小套”，即一套兽产品，动作都是一样的、只是规格上由大到小。例如，“套熊”是由5只规格分别是1寸、1.5寸、2.5寸、3.5寸、5寸的熊组成，熊的动作完全一样。另一种可称为“花样套”，是由若干只动作不同，但大小一样的兽组成。如“套八马”是由八匹规格一样大的玉雕马组成。

第二节 玉雕马的制作方法

玉雕马有“仿汉马”、“仿唐马”、“写实马”之分。这种区别是指马的艺术形象所具备的形体特征和装饰风格而言的，并非是指马的生理结构有不同。

例如，“仿汉马”是指制作者有意识地夸张马的头、颈和躯干，使之呈大体大块的裹圆结构。其健壮的四肢都在作上下轮回地运动，并与头尾运动方向相呼应。“仿汉马”的躯干也略长、动势呈弧线形。马的形体结构简单得很几乎可以用一些几何体组成，臀部作一圆，胸部、颈部作二个半圆。整个马的造型表现为由头、尾、四肢向外呈放射状展开，同时又在作上下前后的呼应。因此，“仿汉马”才具有浑厚简朴、雄健奔放的风格。

又如，“仿唐马”是在造型上强调头小、颈薄、胸宽、腹窄、肢细等外部特征。在具体部位上又强调特征的表达，如马头，则强调上唇见方、下唇见圆，鼻孔转折呈“の”字形，眼上脸呈直角度并与圆形眼球形成对比关系。如臀部，则强调丰满。如马腹，则强调平收。再加上剪成“三花”或“五花”的马鬃、挽卷起的马尾、装饰华丽的马鞍、马羁、马辔、缰绳、璎珞垂饰，这就必然构成“唐马”那丰丽饱满、体态匀称、装饰华丽的风格特点。

因此，各种马的风格虽然不同，但制作工艺方法应是相同的。

玉雕马的制作可分为：工艺设计一坯工——细工——精细修饰——抛光，共五个工艺步骤。

一、工艺设计

下图所示为在玉料上勾样之后的状况。

图6－1　玉雕马的工艺设计示意图

图6－2　玉雕马坯工工艺切块分面步骤示意图

在工艺设计阶段应从正面、侧面和俯视面来把握马的动态和形体。如果马的动态不大，就可以从正面将马的造型用最简单的线形和体块概括起来。如果马的动态较大，如马回首、奔腾，则要多从侧面和俯视面来进行形体块面的分割，只有这样才能把握马的各部分形体和空间中的相对位置。制作者应经过上述思考后，才能进入雕刻阶段。

二、坯工工艺

粗坯的第一个步骤是“切块分面”。制作者按工艺设计阶段所构思的形体块面，用铡铊将玉料上所有与马的影像轮廓无关的余料切去，使之成为如下图所示的状态。

要注意的事是，对马头和四肢的留料要加放加工余量，并不要急于将各部分裹圆。

粗坯的第二个步骤是推落派活。这一加工步骤主要是解决代表马的各部分体块在玉料上的实际位置。因此，应多从侧面和俯视面来细分马的形体块面。雕刻的顺序是马头——躯干——四肢。在这一步骤不应当做出具体的结构，而是在相应的体块表面，按照形体特征、将大面分成中面，在中面上继续分成小面。只有这样反复地从马头至四肢进行几次，马的形象就会逐渐显现。在这一个步骤中最忌讳的事是将四肢做成圆柱形。应当将四肢概括为四方柱形，应牢记“先方后圆”的雕刻法则；只有在细坯阶段才能将马腿裹圆。为了防止马腿断裂，应在纵深方向留有支柱，应按玉雕马坯工工艺推落派活步骤示意图将马腿连在一起。图例所示，是用錾铊经多次推落派活才达到的状态。

玉雕马坯工工艺——推落派活步骤示意图　　玉雕马的粗坯工艺——首次修饰步骤示意图

图6－3　玉雕马工艺示意图

首次修整是粗坯阶段最后的一个加工步骤。因为这时造型上已无余料，形象也相对地准确，因此，这时的任务是把表面做细，把一些不太准确的“派活”做得更加准确。首次修整的主要工具是冲铊和轧铊，应当把马坯表面上的铊痕、凹凸不平处磨平。上图所示为这一加工步骤完成后的状态。

三、细工工艺

细工足精细加工，包括两个步骤。

“精细派活”，是用各种大小不同形状不同的工具，对玉件的细部形象进行刻画，包括对外形的最后确定和各种装饰线的确定。精细派活应当从马头开始，然后是颈、躯干、四肢，最后是马头的眼、嘴、鬃毛、马尾。以上程序要反复进行几次，也就是说，每做一个部位都不能一次到位，要经过几次不同的“逼近”、才能达到下图所示之效果。

玉雕马的细工工艺——精细派活步骤示意图

玉雕马完成示意图

图 6－4　玉雕马细工工艺示意图

最后修整，只着眼于一些细部形象的刻画，如勾鬃毛、勾眼皮；调整局部未做准或未做到家的部位；还应当对产品表面进行精磨，达到平整、光洁的程度，并去掉各种辅助性的支柱。

五、抛　光

参见抛光工艺章节。

第三节　玉雕象的制作工艺

一、工艺设计

图 6－5　玉雕象工艺设计示意图

从雕刻方法和雕刻步骤来说。做象与做马并无区别。只是因为象有象的生活习性和形体特征，马有马的生活习性与形体特征。所以，只是在形象的具体刻画上有区别。在掌握第二节内容的基础上，要做好玉雕象，关键是在工艺设计阶段要构思好能代表象各部分的形体状块。由于雕刻者对造形体块的认识不同，使用工具的方法有不同，在对形体块面的划分上也是不相同的。这种不同是允许的。但无论如何，雕刻者要在雕刻的实践中去寻找适合于自己认识水平的形体块面，并记住要如何大块面分割成形体较复杂的中块面，又是如何将中块面分割成形状更接近造型形象的若干个小块面的，这样，就能巩固自己的雕刻技艺。如果能简化其过程，就意味雕刻的技艺水平在提高。

二、坯工工艺

图所示为坯工中切块分面后的状态。制作时，用铡铊将余料切去，找出象的大致轮廓。鼻子拐弯处要留较大的加工余量。两支象牙之间应留有纵向的临时支柱。两铊相交处应当是象形体轮廓中的最高点或最外点。

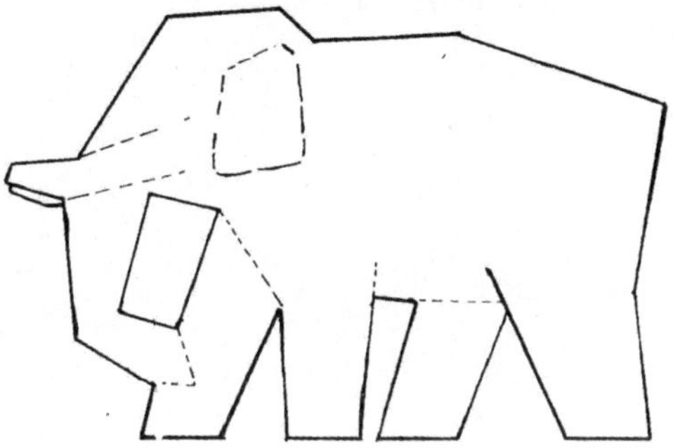

玉雕象坯工工艺——切块分面步骤示意图

玉雕象坯工工艺——推落派活步骤示意图

图 6－6 玉雕象工艺示意图

图所示为粗坯的推落派活阶段。然后用轧铊继续将象的形体和动态做细，并用确定象鼻、头、耳、牙、嘴、四肢的形状。用冲铊将各部分表面磨平滑。

三、细工工艺

仍从象头开始做起。先用大小不同、形状不同的轧铊将象头的基本结构做准，定出眼睛的位置。

玉雕象的细工工艺——精细派活步骤示意图

玉雕象细工完成示意图

图 6－7 玉雕象工艺示意图

然后是躯干、四肢的关节和肌肉结构。

最后是象头的鼻、嘴、眼睛、脯趾、象牙和尾巴。

以上程序要反复进行几次，待各部形象准确，细部也勾勒完毕，即告结束。

四、精细修饰

精细修饰，只着眼于形象的细致刻画，调整局部未做准或未做到家的部位，并对形象表面进行精磨，使之达到平整、光洁的程度，各种辅助性的支柱也应去掉。

复习思考题

1. 玉雕兽类出坯工艺有什么特点?
2. 玉雕马制作工艺特点是什么?
3. 玉雕象制作工艺特点是什么?

第七章 玉雕器皿制作工艺技术

第一节 制作工艺特点

玉雕器皿制作工艺技术有如下特点：

（1）玉雕器皿的制作工艺可分为器身制作、盖及配件制作和装饰雕刻三个部分。

（2）在器身、盖及配件制作工艺中，所制形象不仅仅多为几何体，而且还有“打钻掏膛”、“取链活环”、“制口制作”、“活动提梁”、“配件拼镶”等特殊工艺制作技术。

（3）在玉雕器皿的装饰雕刻中，要运用圆雕（如盖纽兽、耳兽）、浮雕、镂空雕、阴刻线等不同的装饰雕刻技法。

为了使读者能把握好制作工艺要领，我们以专题形式来介绍玉雕器皿的制作工艺。

第二节 玉雕器皿的工艺设计

玉雕器皿的工艺设计，就是把设计图稿准确地移画在精选的玉料上，一般用于制作玉雕器皿的玉料都是经过挖脏去绺和分选工艺处理过的。因而，这些玉料的形状多是有规律的，如用来制作玉炉、玉薰的精料，其顶视面多为菱形或方形，而用来制作玉瓶的精料，则多为长方体。

在画稿前，应先在玉料的顶端面上面出两条分别代表玉瓶及玉料横、纵对称轴的十字线，并用直角尺按正投影作图法，将十字线的延长线相应地画在玉料的其他五个端面上。上端面与底端面的十字线应当处于正投影的重合位置。不然，应检查画线的方法是否有误。十字线确定后。在玉料的六个端面上分别画出玉瓶的投影轮廓（见图7－1）。这样，玉瓶造型的中心线和玉料的中心线位置都已得到确定。

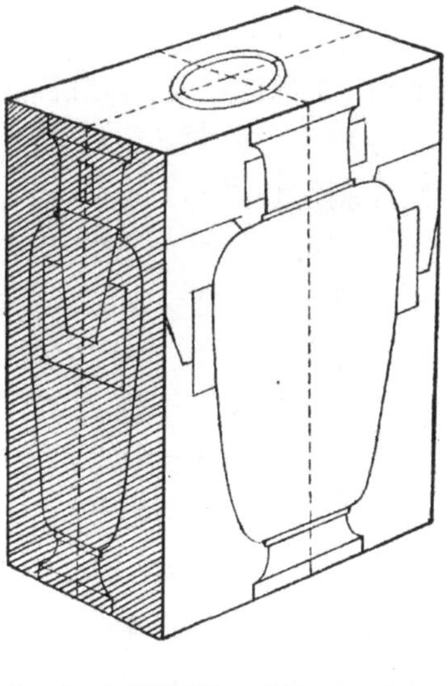

图7－1 玉雕瓶的工艺设计示意图

虽然在实际制作中，工艺设计中的勾样是由设计师来实施的，但制作者应当从精选玉料的六个端面上所画出玉瓶正面、侧面、俯视、顶视影像的轮廓线中，准确地把握玉瓶的形状和各部分结构在玉料中的位置。

因此，工艺设计的重点内容是指玉雕器皿的外造型结构在玉料中所占据的实际位置。

在工艺设计阶段，应当把玉雕器皿的器身、盖及各种配件一并设计出来，并要注意相关尺寸的准确性。至于玉料的颜色、质地、纹理也应当统一。

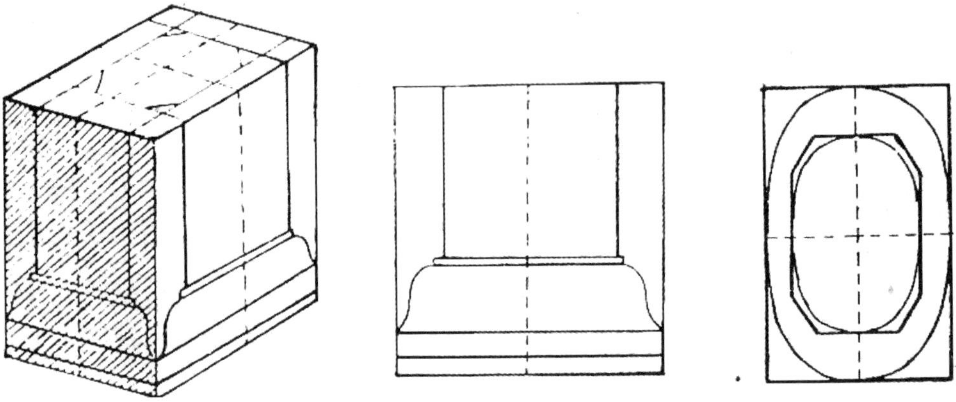

图 7－2　玉瓶盖的工艺设计示意图

第三节　玉雕器皿的坯工工艺

对于玉雕器皿制作工艺来说，坯工工艺就是用铡铊、錾铊对玉料进行划、扣、标等不同手法的雕刻加工，逐步地确定那些代表玉雕器皿各部分形体的体积块。

在雕刻过程中，应按先整体，后局部，先大后小的顺序剥切余料。

在切块定位时，要注意工具的正确使用，不要走锯口（跑偏），更要掌握铊子吃料的深度，不要伤了瓶身。尤其在使用“划”手法时，用铊子“划”时要深浅一致，以免伤了瓶身。在此加工阶段，玉雕器皿的体积块应以方形的体积块为主，不要急于求成而将棱角裹圆，因这样做后反而不好将器皿形状做规矩。

在制作有环、链、提梁的各种玉雕器皿时，可先在相应的位置上把玉料留好，待器身的形状较为准确地显现时，才可将代表环、链、提梁等各部分体积块做出。

粗坯的形成是逐步的，有过程的，后面一组例图所示即为玉瓶身造型逐渐被确定的过程。

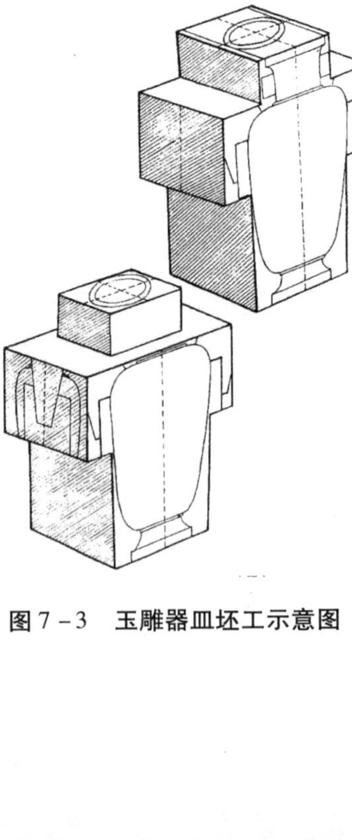

图 7－3　玉雕器皿坯工示意图

待代表玉瓶各部分体积块确定后，应用冲铊、轧铊等工具将玉料坯上的棱角裹圆，表面找平。当然，在此过程中，应当检查器形各部分的对称性和准确性，使玉雕器皿的形体大体符合原设计的要求。

有些玉雕器皿还带有盖和其他配件。在坯工阶段也应当分别做出。器盖的制作工艺悉如器身。其工艺过程如图所示。

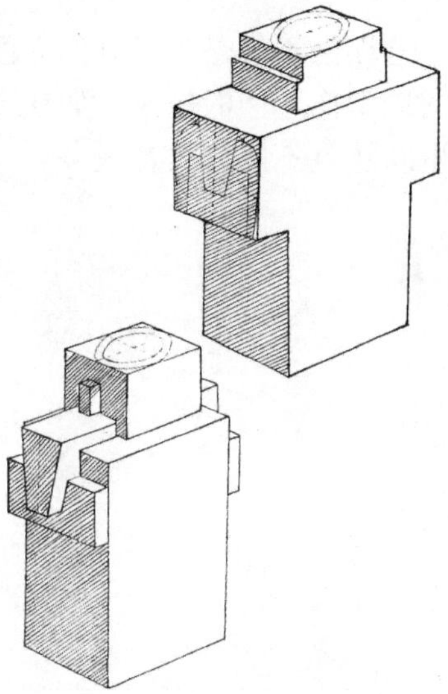

玉雕瓶的粗坯工艺步骤示意图之一

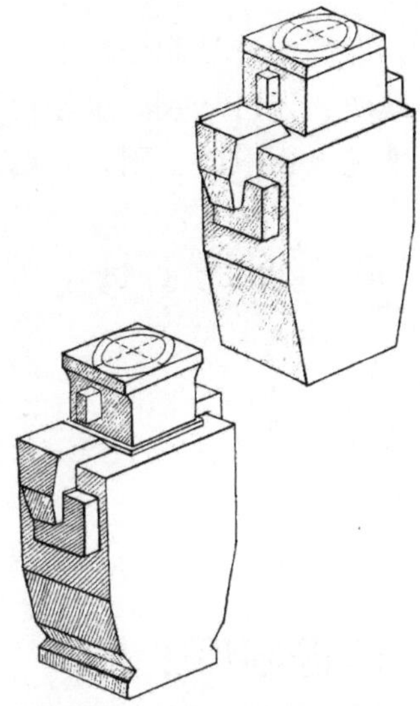

玉雕瓶的坯工艺步骤示意图之二

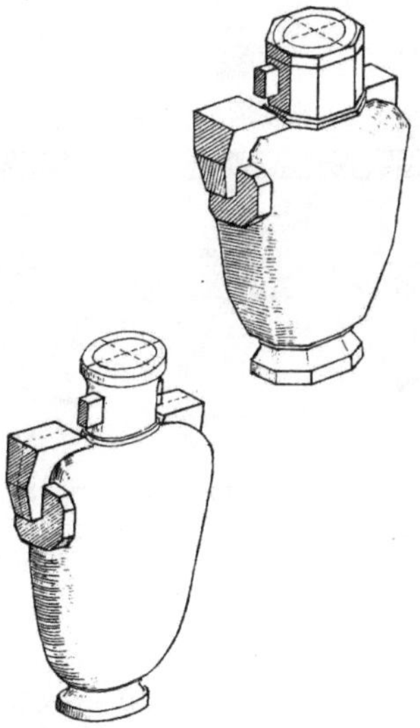

玉雕瓶的坯工艺步骤示意图之三

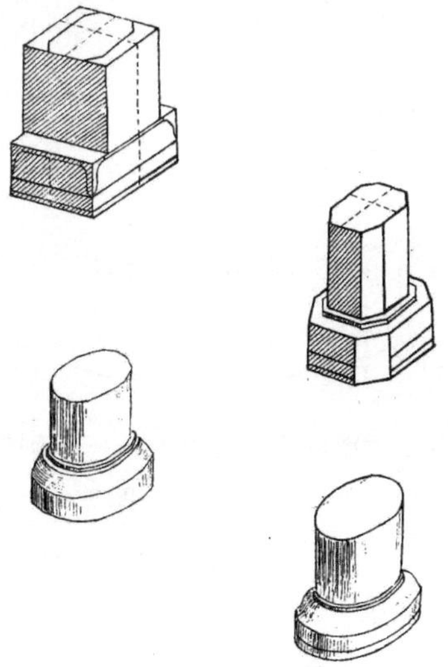

玉雕瓶的坯工艺步骤示意图之四

图 7－4　玉雕瓶盖坯制作工艺步骤示意图

第四节　玉雕器皿活链制作工艺

活链多用于玉雕器皿及兽类摆件。制作活链对玉料要求较高，玉料应当质地坚硬、无杂质、无裂绺。

凡带有活链的产品制作时都应当先从取链开始。这样做不仅是为了制作方便，而且一旦出现问题，还可从别处重新再取链，或对产品的造型作适当的修改。如在造型已基本确定的情况下再取链，因余料已经去净，一旦发生断链就不好修改补救。

一、取链所用工具

勾铊
细尖头棒
钉铊
搜弓子

二、活链制作工艺

活链，又叫"取链"。

其制作过程可分为刺条（抽条）、刺十字（起股）、掐节（分瓣）、活环（脱环）4个步骤。

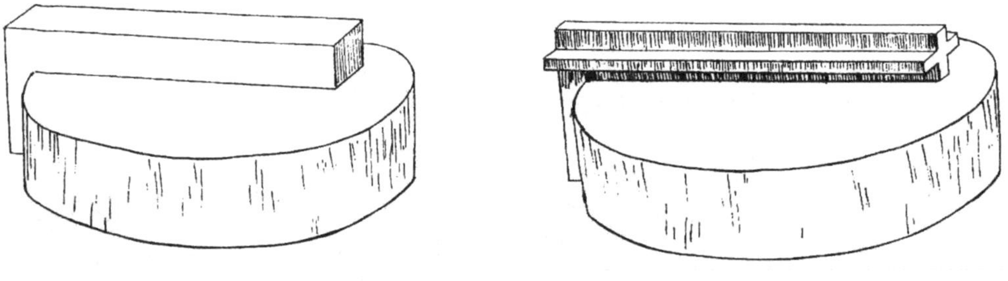

玉雕活链制作工艺之一——"刺条"　　玉雕活链制作工艺之二——"刺十字"

图7－5　玉雕链条制作工艺示意图（一）

1. 刺条（抽条）

刺条，又叫"抽条"，就是在相应的玉料部位上用錾铊先取出一条横截面是正方形的长条玉料。要求表面平整，规矩。长条料的长度决定玉链的长度，横截面的边长决定每个链节的大小。

2. 刺十字（起股）

刺十字，又叫起股。足用錾铊或勾铊将截面是正方形的玉料条加工成截面是十字形的玉料条。十字形的宽度就是每节链的厚度。要求将十字刺得十分规矩。

3. 掐节（分瓣）

掐节，又叫分瓣，是将十字形的长条料等分，使竖向环与横向环的等分点交错。每一个等分点代表一节链长。待用黑线画准后，依线用勾铊勾开。要注意：在切竖向环的等分线时不能伤及横向环，而在切横向环等分线时也不能伤及竖向环。至此，这对环只是初具外形，因为竖向环与横向环之间还连着，竖向环与玉料还连着。所以，此时尚不能称为链。

玉雕活链制作工艺之三——“掐节”

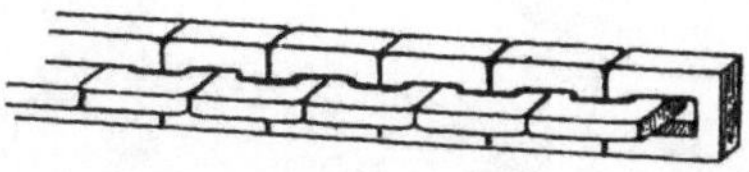

玉雕活键制作工艺之四 ——“掏链”

4. 掏链（脱环）

掏链，又叫脱环，是用镀钻石粉的细尖头棒或小勾铊将竖向链环与横向链环相连的部分勾开；再用搜弓子将竖向链环与玉料相连的部分剌开，整条链子就能活动了。

玉雕活键制作工艺之五——“做环”

图 7－6 玉雕链条工艺示意图（二）

5. 做 环

在掏链的基础上，再用小轧铊及钻石粉小棒，磨去链环坯的棱角，将其裹圆，做规矩。做完一节再做第二节，直至完成为止。做环要求每一节链环大小一致。

三、活链的保护措施

由于活链的制作先于器形的制作，故应当将已掏好的活链环用热白蜡封好，固定住，避免碰撞。

第五节 玉雕器皿活环制作工艺

活环多用于器皿装饰，活环多位于器皿的侧面，并呈对称状。

一、制作活环的工具

勾铊 用于确定活环的外轮廓。

细尖头棒找圆。用于钻孔，以便将环掏活。

圆口钉铊

搜弓子用于搜环。

二、活环制作工艺

活环的制作可分为掐环、打眼、搜环、找圆4个步骤。

1. **掐　环**

掐环，就是在预先留好的料上先做好环的外轮廓。在这一步骤中，应把环看成是一个紧贴在器肌外侧壁上的扁圆柱体，其厚度应略大于二环的厚度，其直径等于环的直径。

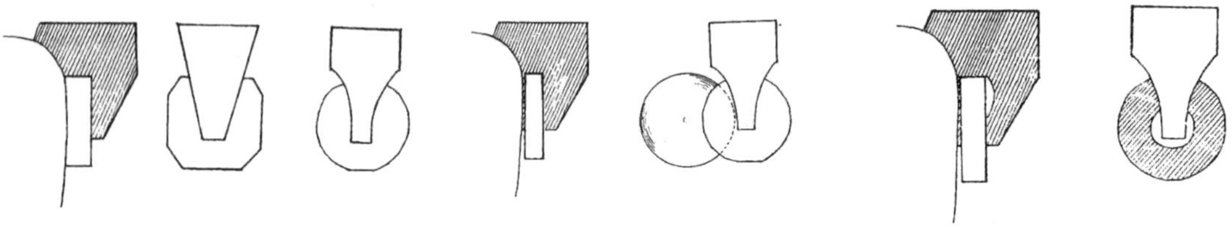

活环制作工艺之一——“掐环”　玉雕活环制作工艺之二——“断底”　玉雕活环制作工艺之三——“掏内环”

图7－7　玉雕活环制作工艺示意图（一）

2. **断　底**

制作时，先用勾铊勾出圆柱体的外圆轮廓。也可用薄轧铊的侧面进行顶磨找圆。然后用錾铊将圆柱体的厚度留合适。然后靠近器壁錾（锯割）一铊，其深度略大于环的宽度。但不能伤及器皿的侧壁和耳鼻。

3. **掏内环**

掏内环，常被玉行中人称为“打眼”，因是利用打许多小孔的办法将内环中的余料掏出，故有此名。现改用镀钻石粉的“细尖头棒”制作。先在内环轮廓线上打一个孔，然后依线向两边豁刺过去，将内环中的余料去掉。在耳鼻应沿正投影直切下去。因为环与器身和耳鼻仍相连，故环暂时还不能活动。

4. **搜　环**

用搜弓子将环与器身与耳鼻相连处搜开，这时圆环应能围绕耳鼻转动，但环不太圆，还有棱角。

5. **找　圆**

找圆，是对圆环而言。找圆应用“喇叭口钉铊”。找内圆时应用直径小于内环直径的“喇叭口钉铊”。找圆时应先顺轮廓，后倒棱和裹圆。在同一件产品上的几个直径相同的环子，要薄厚一致。

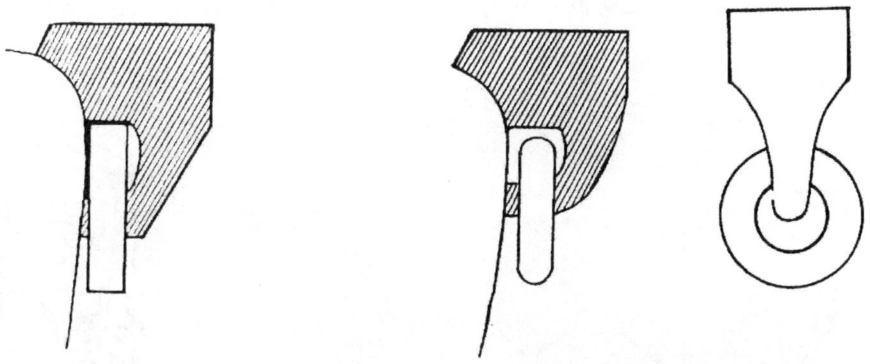

玉雕活环制作工艺之四——“搜环”　　玉雕活环制作工艺之五——“找圆”

图 7－8　玉雕活环制作工艺示意图（二）

第六节　提梁式玉雕器皿的制作工艺

提梁式玉雕器皿的特点在于其有一个能活动的提梁，典型器是提梁，而这提梁又是自同一块玉料上取出的，很有工艺性。提梁制成后，可丰富玉雕器皿的造型，增加玉料的利用率。

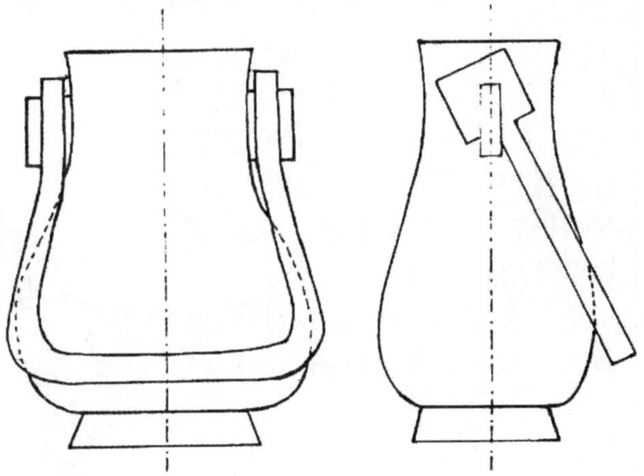

图 7－9　提梁式玉雕器皿制作工艺示意图之一

提梁应在整个器皿造型确定之前确定。

具体方法是，在确定器皿大的体积块时，应先在一侧留好提梁的用料，随着玉雕器皿造型的相对确定，可将提梁的具体外形做出。

接着，可对提梁与耳子相接处进行加工。其具体的操作方法有如活环制作工艺，请参见本章有关活环制作工艺一节。大体上讲，用小钻石粉工具磨去提梁与耳连接处的余料，然后使用錾砣使提梁与器身分离，就可将提梁提起。最后将提梁琢磨规矩，刻上花纹即可。

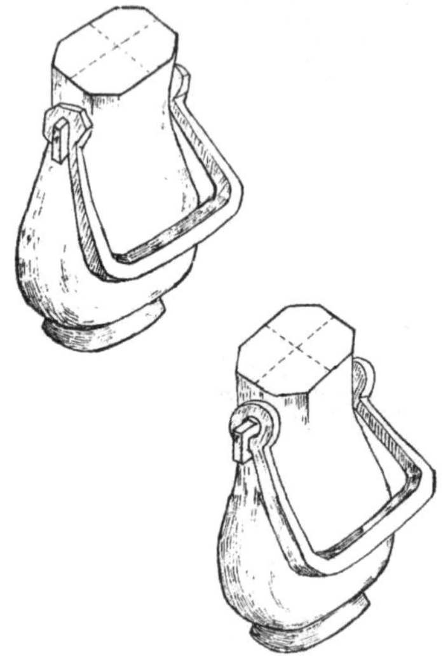

图 7－10　提梁式玉雕器皿制作工艺示意图之二

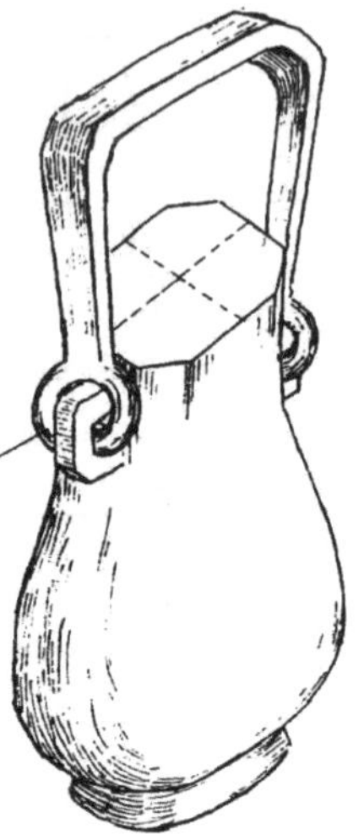

图 7－11　提梁式玉雕器皿制作工艺示意图之三

第七节　玉雕器皿打钻掏膛工艺

玉雕器皿都要掏膛。打钻是掏膛前的准备。

先用钻管在瓶口上打钻，取出钻心后，可根据器皿膛腹的形状和大小选用掏砣（串锤）进行掏膛。口大的器皿可直接用掏砣伸进玉瓶内并加粗金钢砂研磨。扁圆形膛腹的玉器要使用扁形掏砣。

对于小口腹大的玉器，可先用小掏砣逐步扩大膛腹，然后再用粗铁丝做成“弯子”伸进膛内，将内膛磨得光滑。

一些带盖的玉雕器皿，在器盖外形做完，制口也做好之后就要进行掏膛工艺。

制作时，先用錾砣将盖膛内的余料錾去，然后根据盖内膛的形状选择合适的掏砣将瓶盖内膛磨好。内膛的形状应随盖的外形。最后要用小轧砣在内膛顶部用顶磨的方法磨出一个凹进去的“二道盘”。

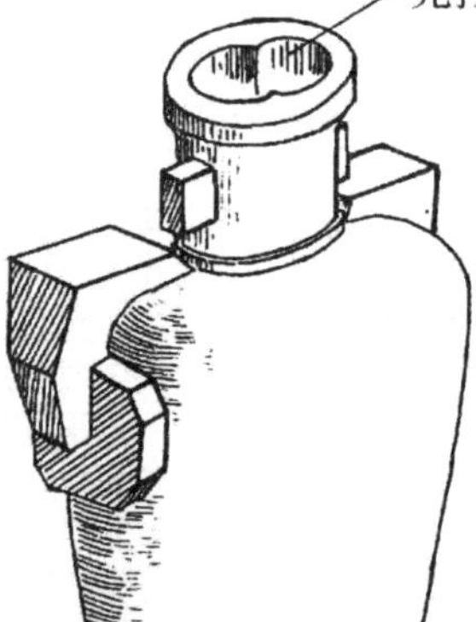

图 7－12　玉瓶的钻膛工艺示意图

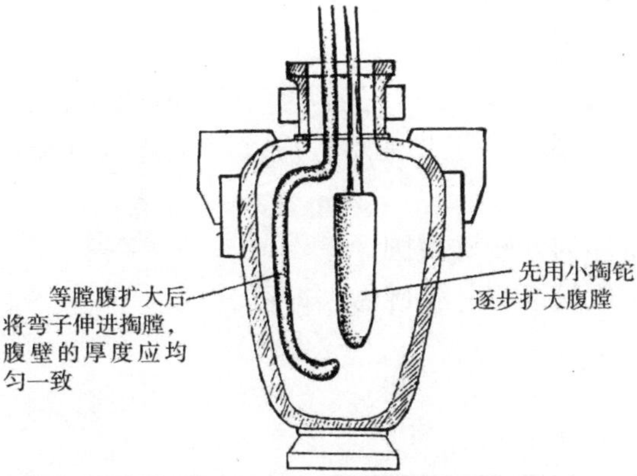

玉瓶的掏膛工艺示意图

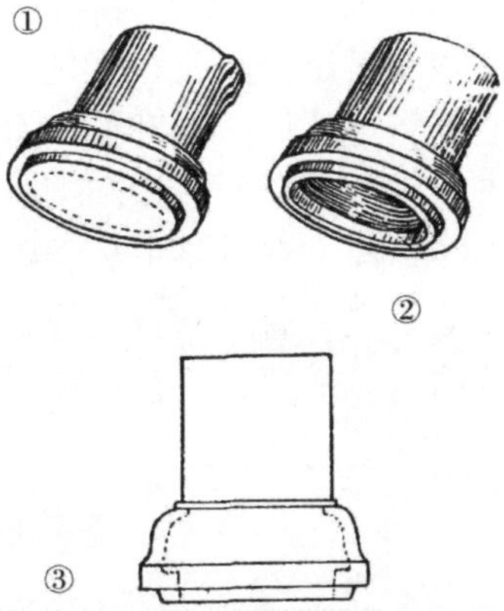

玉瓶盖的掏膛示意图

①未掏膛的盖坯；②完成的盖坯；③盖坯的剖视图

图 7－13 玉瓶掏膛工艺示意图

第八节 玉雕器皿肩耳的制作工艺

玉雕器皿的肩耳有两种。一种位于玉器肩侧部位的耳多被称为“头”。而“头”一般都带有活环。另一种位于玉器的颈部两侧，一般称之为颈耳。颈耳一般不带活环，但多作透空雕工艺处理。

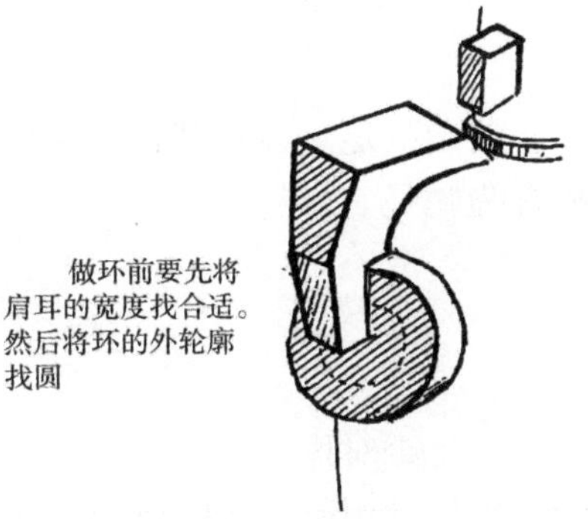

图 7－14 玉瓶肩耳活环制作示意图之一

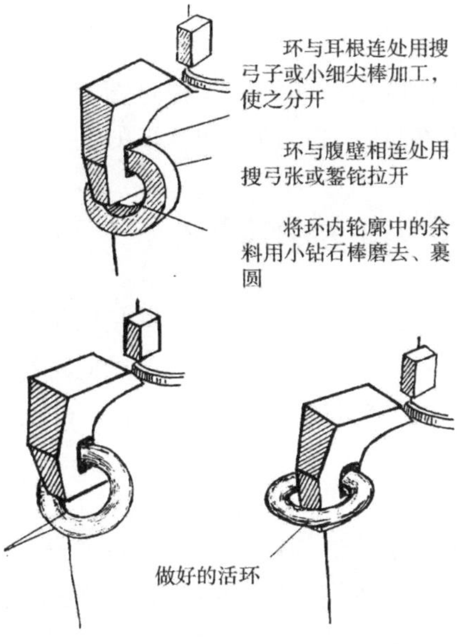

图 7－15 玉瓶肩耳活环制作示意图之二

“头”的制作要先从代表“头”和“环”的体积块的确定开始。经检查代表两个肩耳的体积块大小相同及位置对称时，才可进行较细致的加工。如“头”的体积块并无不妥之处，可从做活环开始。具体方法可参见“活环制作工艺”一节。但须注意的是，磨玉环内廓楞角的轧铊和喇叭口工具要选择适当。工具的口径应大于玉环内直径，否则易卡在里面，竟或将玉环弄断。

做环前要先将肩耳的宽度找合适。然后将环的外轮廓找圆。

颈耳结钩无活环，工艺制作相对简单，一般只要将外轮廓做准即可。

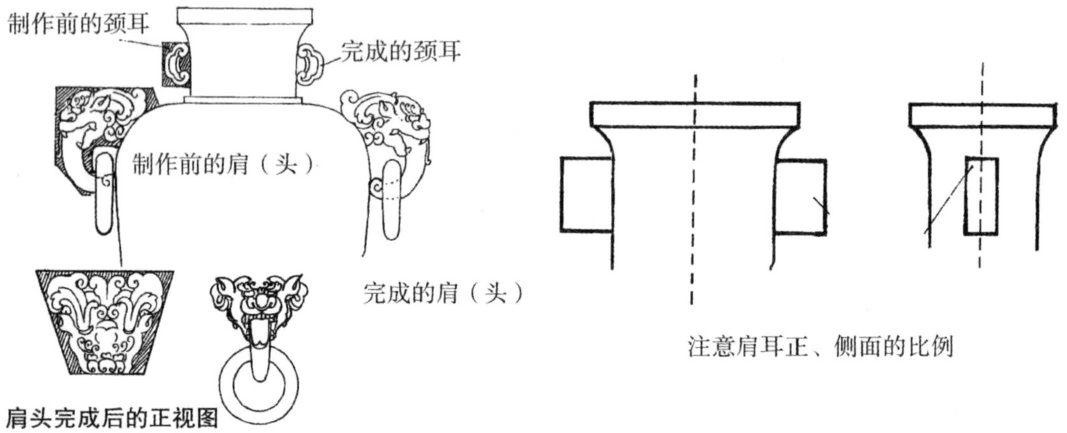

图 7－16　玉瓶肩耳细坯制作示意图

第九节　玉雕器皿足的制作工艺

玉雕器皿的足有两类，一种是圈足。如一般玉瓶的足、玉碗的足。因其是封闭的形状，故称为圈足。另一种有如玉炉的足，因其很像腿，故称为腿足。

一、圈足的制作工艺

圈足的制作应先从校正瓶足与瓶口是否平行，是否对正，是否对称开始，校正时应以十字对称轴为测量基准线。校正后应将正确的轮廓线画出。然后用薄轧铊的前面进行贴磨，将瓶足的外轮廓找规矩，这道工序称为“圈足”，也就是将瓶足的外轮廓形状做准确之意。

瓶足的轮廓“圈”好之后，用前口（快口）轧铊在瓶足与瓶腹的交接处走一下，使足与腹的界限分清，这道工序称为“刹足”。

圈足之后还要掏膛，一般要先用较小的錾铊将足膛内的余料錾去，然后用合适的轧铊将足膛内的余料磨去，足膛的形状要随足外形。

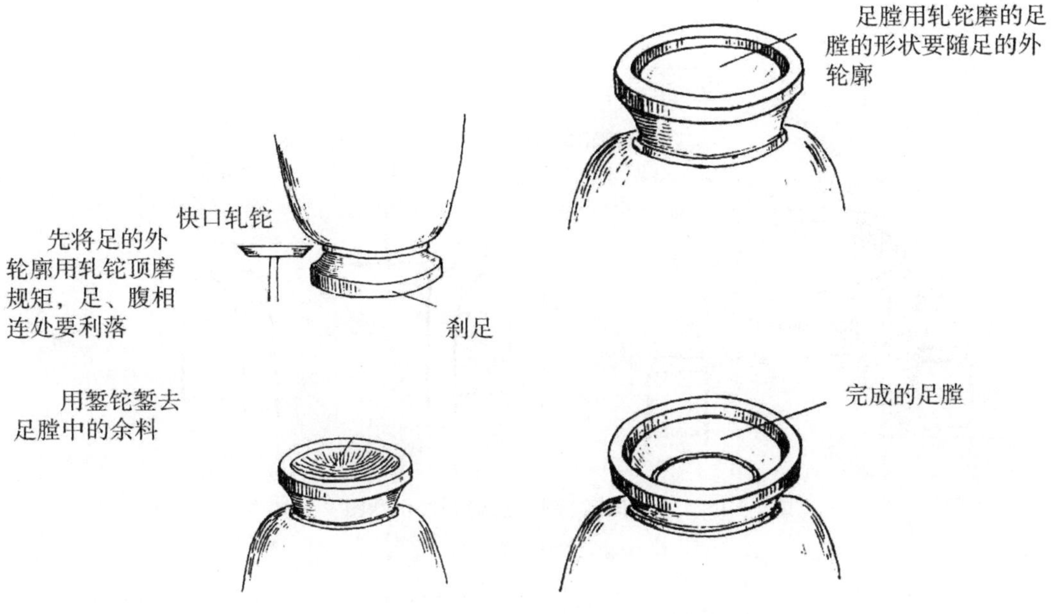

圈瓶足的制作工艺示意图之一　　圈瓶足的制作工艺示意图之二

图 7－17　圈瓶制作工艺示意图

二、腿足的制作工艺

腿足的制作工艺应和器身的制作同步。在粗坯做好后，并不急于做出雕刻纹样或浮雕装饰，而是等待器身装饰一起做。具体做法，详见本章第十二节。

第十节　玉雕器皿制品的制作工艺

制口是玉雕器皿的盖与器身相接触的部位。位于器身上的制口一般称为“母口”，而位于器盖上的制口则称为“子口”。“不认口，不大不小上下严丝合缝”是玉雕器皿的重要技术标准。

一、“母口”制作工艺

以玉瓶的制作为例。

先在瓶口画出“母口”的轮廓线。

用錾铊顺线勾一遍。勾时，口上面的铊子要在墨线内侧下“铊口”，铊片则要向外倾斜一点。勾口里边的墨线时可垂直下铊。口上的铊口与口内的铊口相交后，制口内的余料就可除去。然后用轧铊将制口磨平，磨规矩即可。

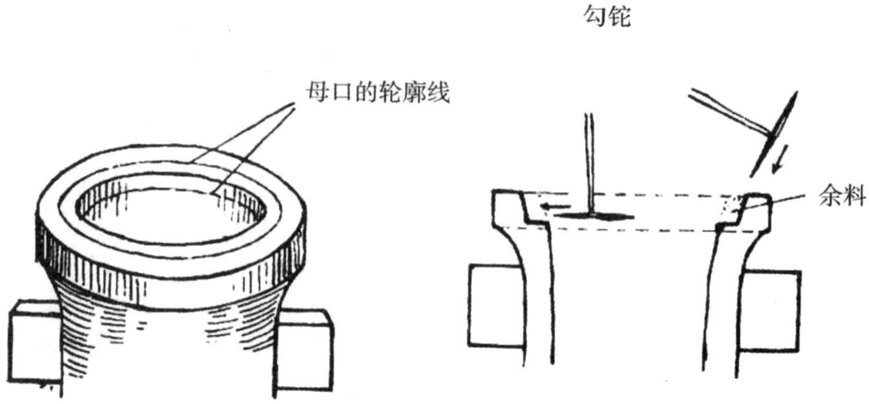

图 7－18　“母口”（制口）的制作示意图（一）

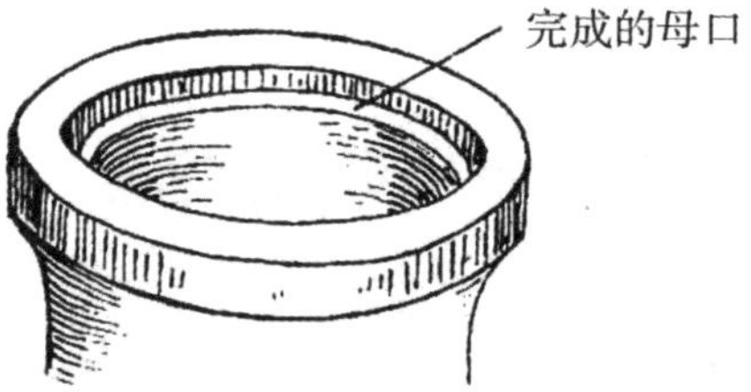

图7－19　“母口”（制口）的制作示意图（二）

二、瓶盖制口的制作工艺

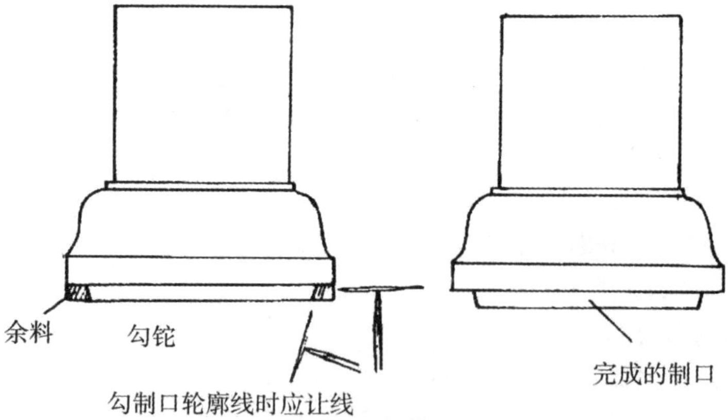

图 7－20　瓶盖制口的制作工艺

在瓶盖的外形轮廓已经确立好时，可进行瓶盖的制作。先画好轮廓线，然后用勾铊勾出轮廓线，用铊方法与制作瓶方法相同，只是下铊口应在墨线外进行，余料除去后，可用平口轧铊找平。找平时，要和瓶身口相验正。以不大不小严丝合缝为好。

在制口制作的过程中，应多次试口。母口是大后不能缩小的部位，子口是小后不能大的部位。因此要注意加工余量的合理控制。

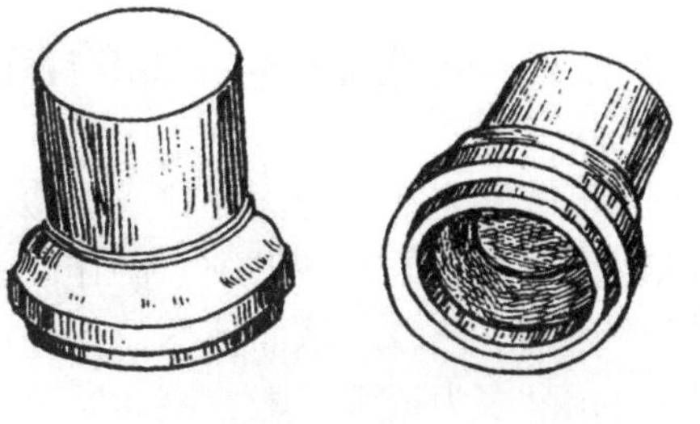

图 7－21 器盖制口完成状态示意图

第十一节 玉雕器皿的装饰雕刻工艺

玉雕器皿的装饰雕刻主要足指盖纽兽、耳部雕刻（兽头、花头、颈耳上的透雕花纹、腿足浮雕和浮雕花纹四个部位。

一、盖纽兽的雕刻工艺

一般在器盖的坯形制作中，都预先留好了制作盖纽兽的用料。从制作方法上与圆雕兽的制作方法相同。大体上也是“切块定位”，“推落派活”，逐渐地找出盖纽兽的形体。在兽的形体确定后可逐渐将各部分做实、做细。

当然，盖的装饰不仅足兽，还有龙、花头或各种装饰雕刻。但由于玉料的形状已被确定，故一般按有关雕刻技法处理即可。

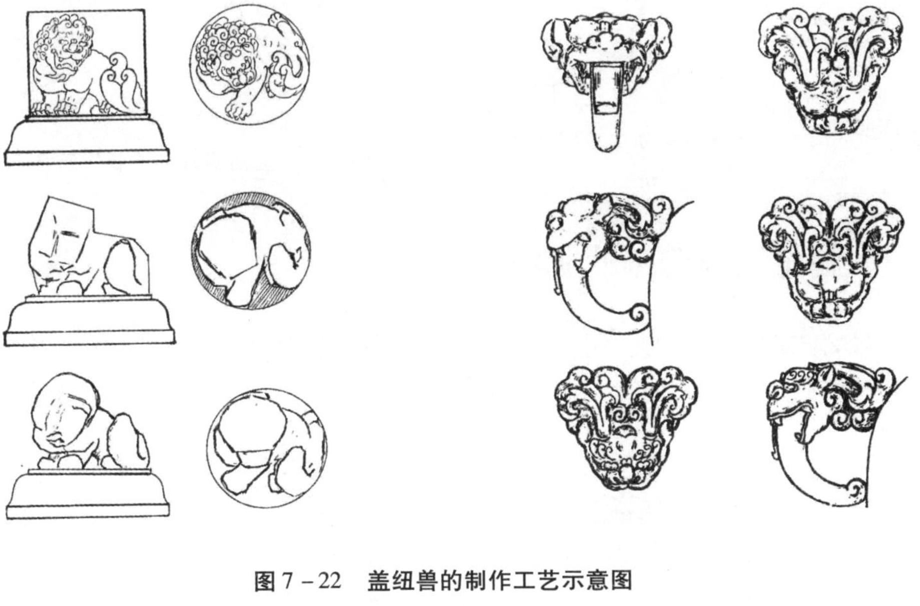

图 7－22 盖纽兽的制作工艺示意图

二、玉瓶肩耳装饰的制作工艺

玉瓶的肩耳多为深浮雕或近似圆雕的兽头或花头。其雕刻方法是决定位置，然后切块定位，将形象逐渐做细。制作时，应对两个肩耳交替进行，这样因制作手法相同，也便于比较，修整，从而使两只兽头能大小一致。

颈耳多为透眼浮雕，制作时可先用錾铊剔出轮廓，然后将耳透空，勾出纹样和层次变化。

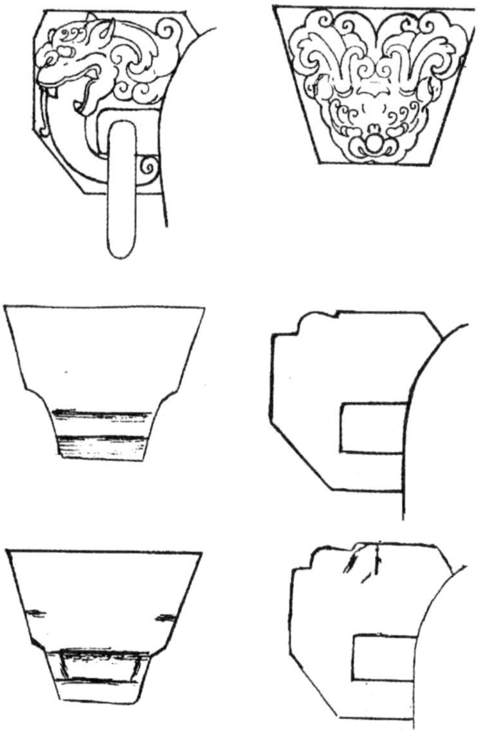

图 7－23　玉瓶肩耳装饰制作示意图（一）

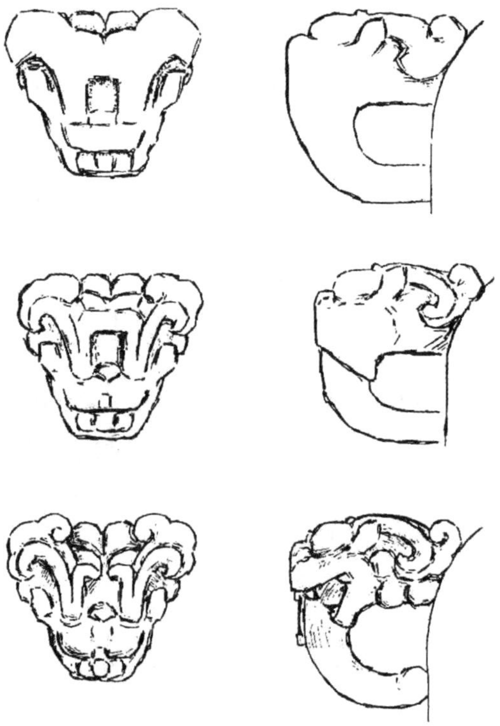

图 7－24　玉瓶肩耳装饰制作示意图（二）

三、腿足装饰雕刻的制作工艺

腿足的装饰雕刻并不难。制作时应先将腿足的外轮廓做准确，然后在其上勾样。用勾铊将轮廓线勾出，剔去余料，逐渐做出细部，腿足的制作工艺过程可参见本章十二节有关图例。

四、花纹制作

在花纹制作之前，应用小工具将各部分形象做细，表面磨平。将事先画好的图稿纹样拓在玉瓶相应的位置上，落墨勾实。用勾铊勾出花纹的轮廓线，勾时，对作为“地子”的部位要勾得深一些，而对花纹部位则要浅些。勾完后，将“地子”轧掉一层并用小钉铊将“地子”顶磨平整。再用轧铊推落出花纹的层次变化。最后用小工具将细部完成。

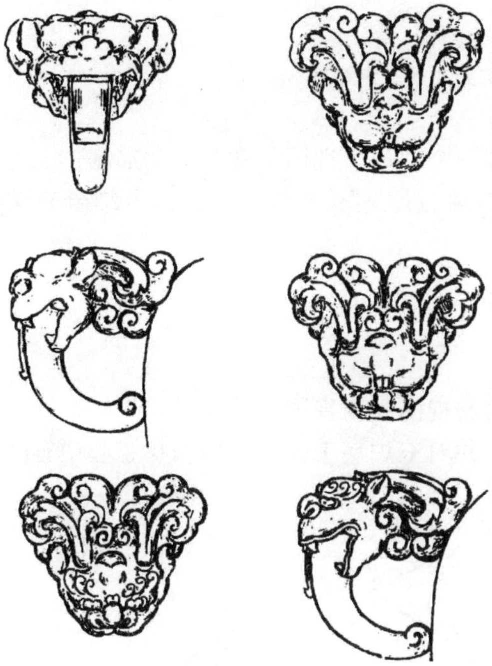

图 7－25　玉瓶肩耳装饰制作示意图（三）

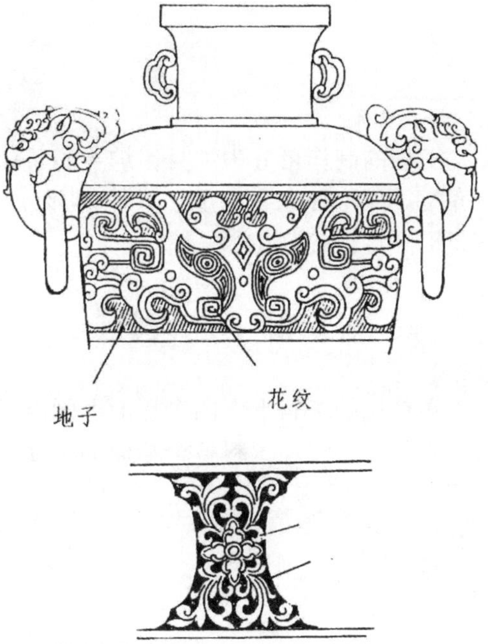

图 7－26　花纹制作示意图

镂空花纹应按图案要求先透眼，然后用“擦条”把孔壁擦磨平整后再勾刻花纹，最后完成细部。

五、抛　光

参见抛光工艺章节。

第十二节　玉炉的制作工艺步骤

玉炉的制作工艺较有代表性和实用性。故将其制作工艺介绍如下。

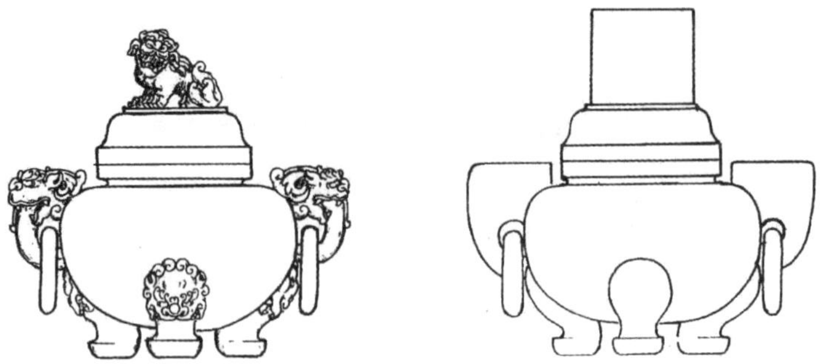

玉炉的造型设计

图 7－27　玉炉的坯工完成状态示意图

玉炉的制作可分为炉身，炉盖和装饰雕刻三个部分。现用示意图对全部制作工艺进行介绍。但这种介绍偏重于具体的部分，相对雕刻原理联系较少。请读者结合有关内容，提高自己的制作水平。

一、玉炉的工艺设计

在精选的玉料上下两个端面上画出玉炉的俯视图和顶视图。请注意代表玉炉横、纵对称轴的十字线在玉料各个端面的实际位置，并对玉炉坯工完成之后的状态心中有数。

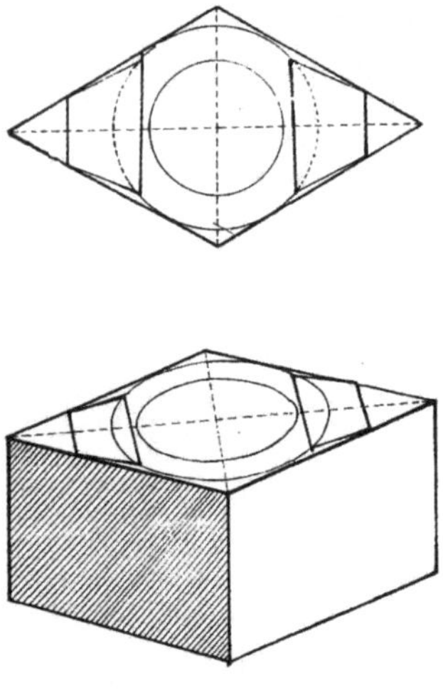

玉炉的工艺设计（一）

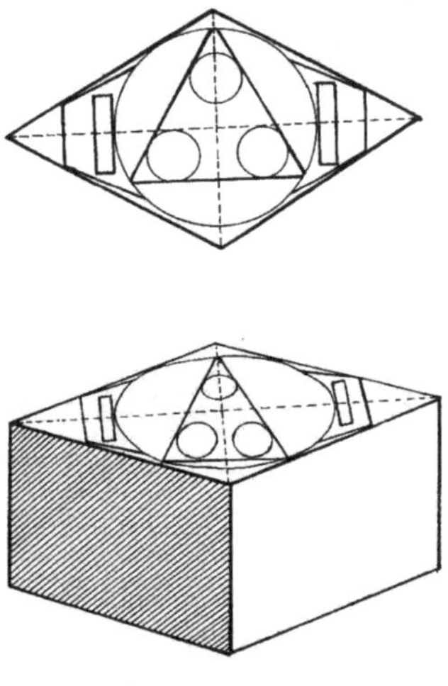

玉炉的工艺设计（二）

图 7－28　玉炉工艺设计示意图

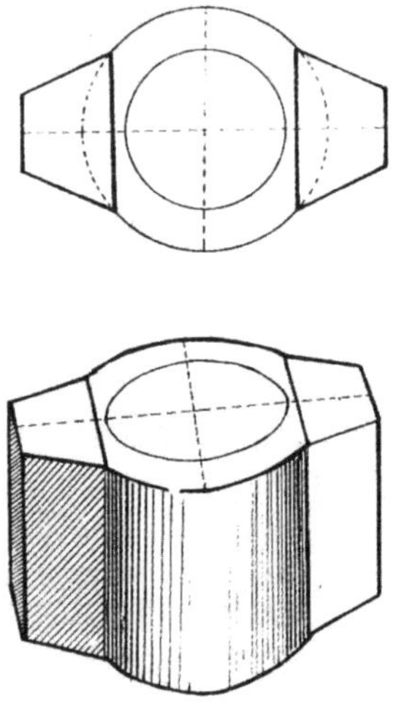

图 7－29　玉炉外形体积体的确定

二、炉身的坯工工艺

1. 玉炉外形体积块的确定

用铡铊、錾铊将线外的余料依次切除，就可以使玉炉外形体积块得到确定。切割时，应当让线下铊，不可伤料。

2. 推落炉口

用錾铊将炉口周围的余料去掉，使炉口显现出来。

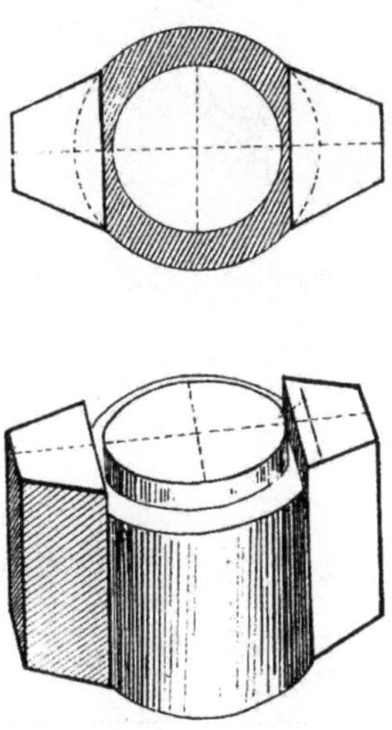

图 7－30　推落炉口步骤示意图

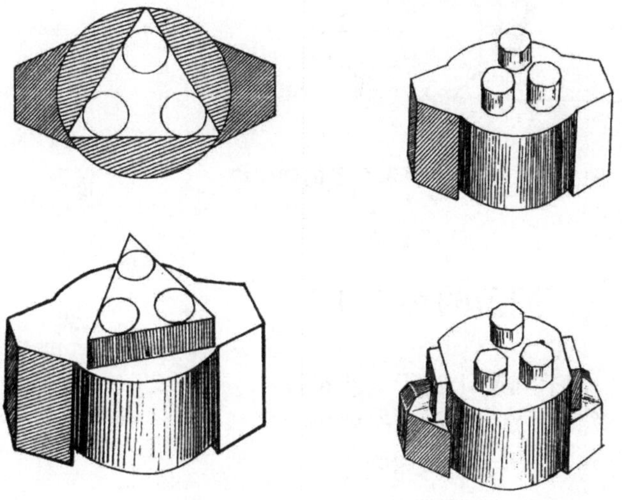

确定炉足步骤示意图（一）　确定炉足工艺步骤示意图（二）

图 7－31　玉炉炉足工艺设计示意图

3. 确定炉足

确定炉足要按图 7－32 和图 7－33 所示之步骤，才能确保不出问题。

4. 裹圆炉腹，炉腿

甩铡铊、錾铊、采用标、划、扣的方法将炉腹的形状做出来。炉腹为圆馒首形。去料时要注意铊子吃料的深度，以免伤害炉身。由于炉腿与炉身相接，故此阶段也应将炉腿作出。

5. 确定炉耳和环子的体积块

环子虽是圆的，但此时应概括成正方形。制作时，先用铡铊切出相应的体积块，并使两侧的块面形状和大小应当相同。只有这样才能保证两只炉耳的大小一致。

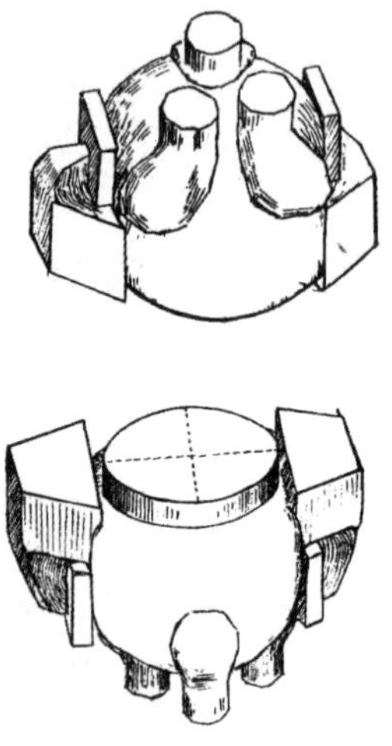

图 7－32　确定炉耳和环子的体积块

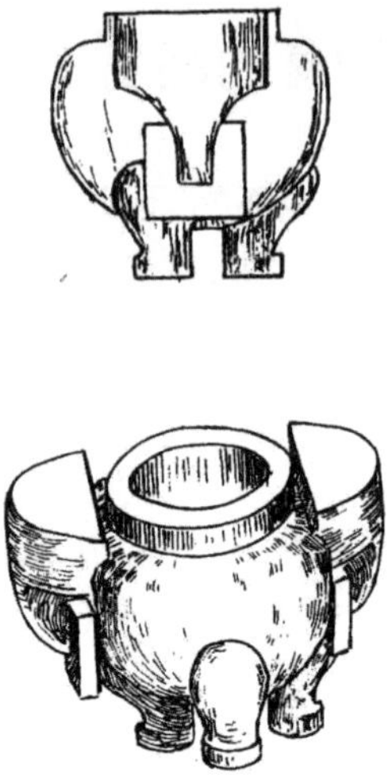

图 7－33　裹圆炉足、炉腿工艺步骤示意图

三、炉盖的坯工工艺

(1) 在玉料上进行工艺设计
(2) 将盖兽周围的余料铡去，然后将盖墙部分的棱角去掉。
(3) 将炉盖的粗坯制出。

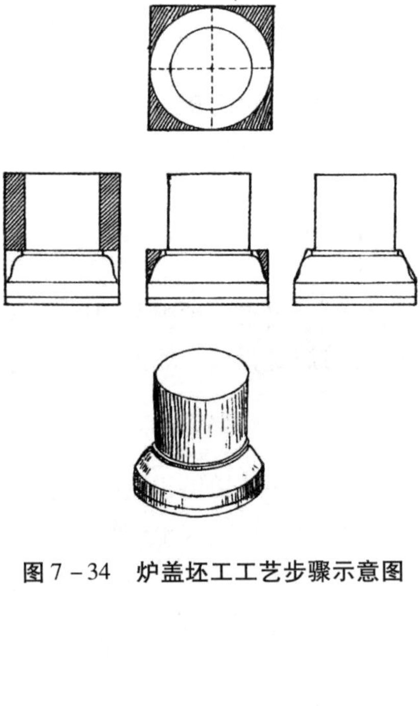

图 7－34　炉盖坯工工艺步骤示意图

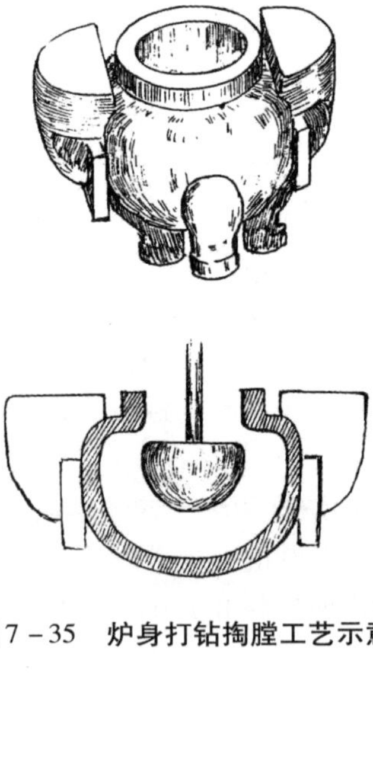

图 7－35　炉身打钻掏膛工艺示意图

四、炉身的细工工艺

1. **打钻掏膛**

先在炉口用钻管打钻，取心钻心料，再用合适的膛锤将炉膛掏好。

2. **修　整**

用冲铊将炉身上所有的铊子痕迹琢磨掉，然后用磨铊将炉口和炉腿磨平，以保持炉身的平稳。

3. **掏活环**

在炉的侧面将炉头的余料錾去，然后用薄口轧铊将环的外圆轮廓做出。

用钻石粉工具将环的内圆做出。

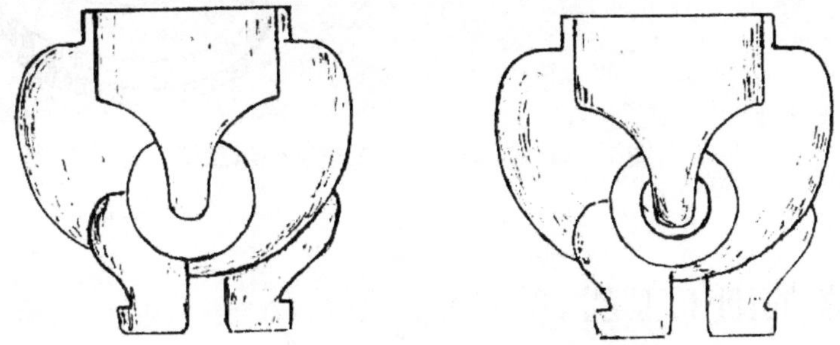

图 7－36　玉炉活环工艺步骤示意图（一）

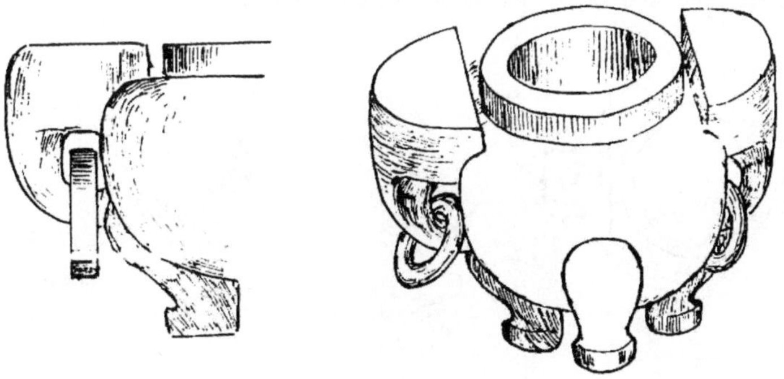

图 7－37　玉炉活环工艺步骤示意图（二）

将环子的厚度留好后，然后用錾铊在炉腹壁与环子之间切开，使环子与炉壁分开，錾进时要稳，不要伤及炉头或炉身。

用搜弓子搭金钢砂将环子与炉头相连处搜开，使环子能活动。

环子活动后，用轧铊和喇叭口将环的内外圆轮廓磨规矩，磨好的玉环犹如算盘珠。

4. **做炉腿**

用冲铊两次琢磨炉腹，并将炉腿打磨规矩。然后用厚口轧铊等工具做出炉腿。

5. **做制口**

做炉身和炉盖的制口。制作制口要用极细的金钢砂轻轻转动研磨，直至口研紧为止。

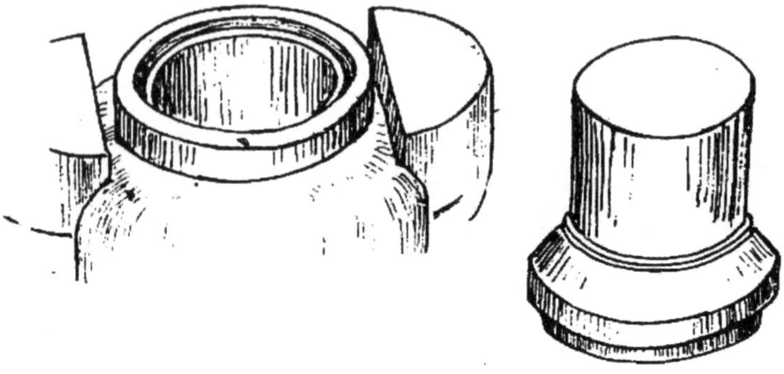

图 7－38　玉炉的制口工艺制作示意图

五、炉盖的细工工艺

（1）先将炉盖的盖墙制好。
（2）用錾铊錾去盖膛内的余料。
（3）磨好盖膛，使膛子随外形，然后在内膛顶部磨出“二道盘”。

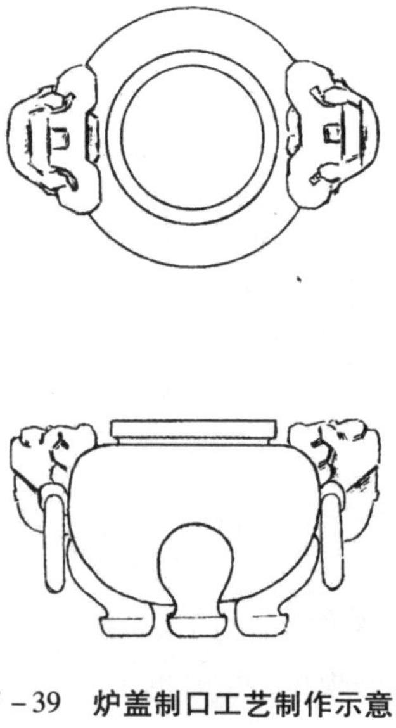

图 7－39　炉盖制口工艺制作示意图

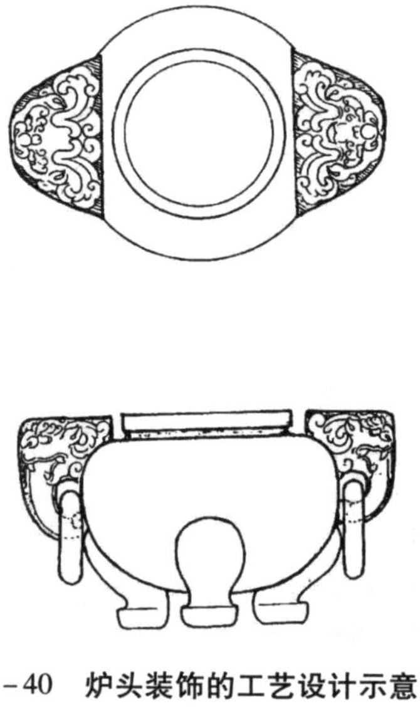

图 7－40　炉头装饰的工艺设计示意图

六、炉头的装饰工艺

（1）将兽头画好，要求画出顶视和侧视图，两边要对称。
（2）用錾铊或钉铊将兽头的余料去掉。

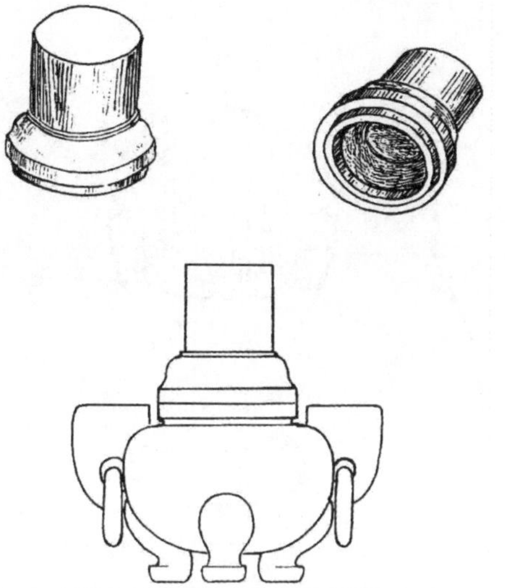

图 7－41　炉头装饰工艺制作步骤示意图之一

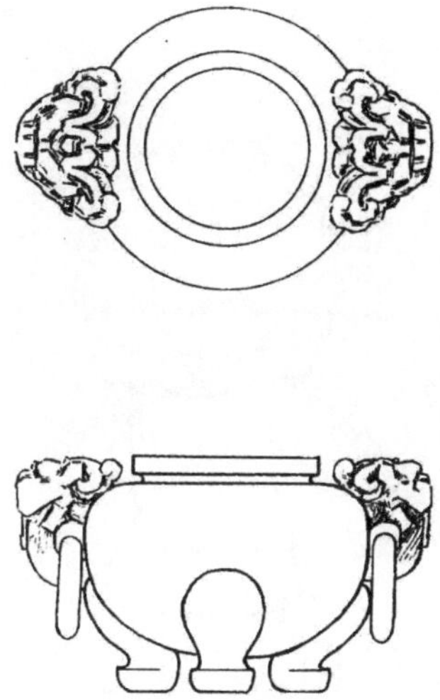

图 7－42　炉头装饰工艺制作步骤示意图之二

（3）用轧铊将兽头的各部分结构做出。
（4）将兽头各部结构逐步做细，直至细部完成。

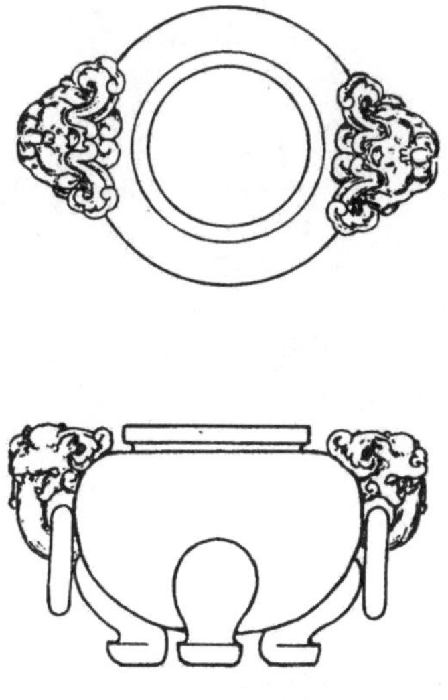

图 7－43　炉头装饰工艺制作步骤示意图之三

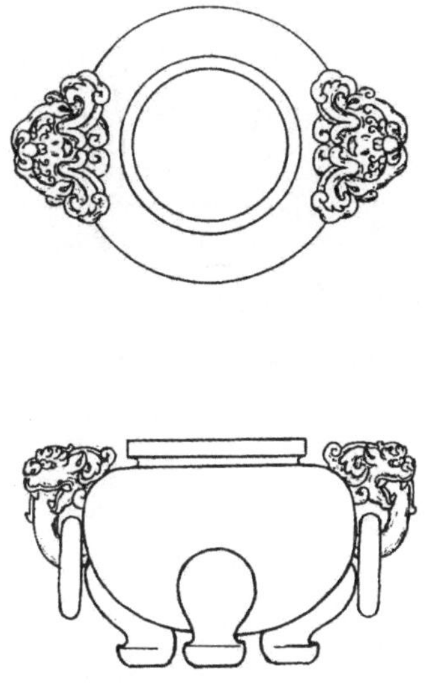

图 7－44　炉头装饰工艺制作步骤示意图之四

七、炉腿的装饰工艺

炉腿上有个兽头，玉行称之为“脑色”。炉腿上的兽头为浮雕，制作方法与炉头相仿。但炉腿上的兽头应与炉腿保持协调一致，因而不宜将各部分结构做得太深。

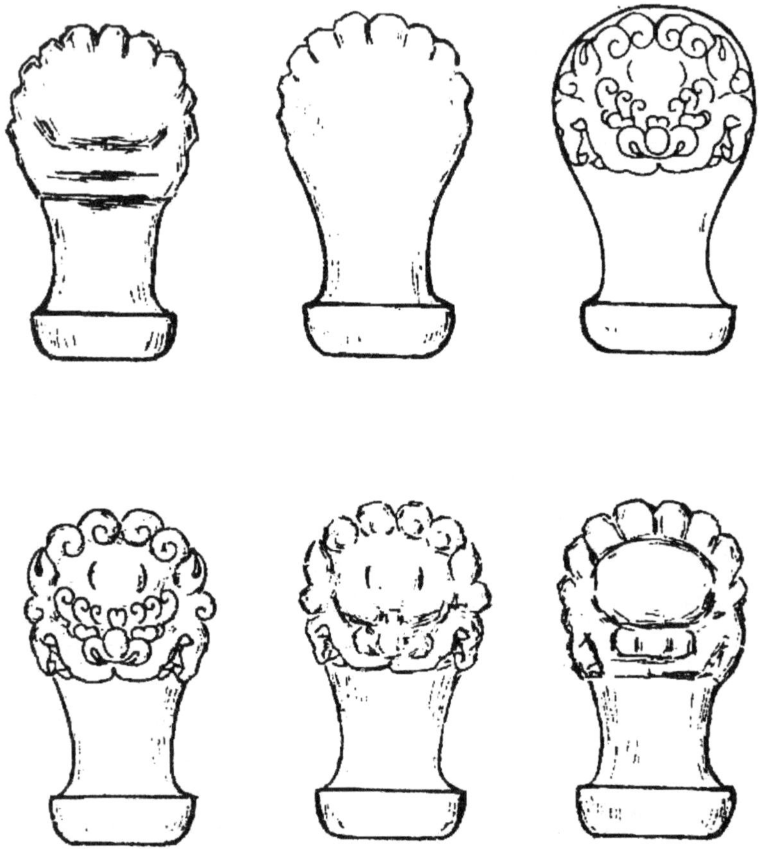

图 7－45　炉腿的装饰雕刻工艺步骤示意图

八、盖兽的雕刻工艺

（1）画出盖兽的造型。
（2）用錾铊切去余料，使代表兽造型的体积块确立。
（3）进一步推落派活，找出兽的动态和结构。
（4）将兽胸，兽腹下的余料掏去，然后将各部分结构做细。
（5）将兽的细部完成。

图 7－46　盖兽的雕刻工艺步骤示意图之一

图 7－47　盖兽的雕刻工艺步骤示意图之二

图 7－48　盖兽的雕刻工艺步骤示意图之三

复习思考题

1. 玉雕器皿的制作工艺有什么特点？
2. 如何进行玉雕器皿的工艺设计？
3. 玉雕器皿的坯工工艺要注意哪些问题？
4. 玉雕器皿的活链制作工艺要使用哪些工具，如何操作？
5. 玉雕器皿的活环制作工艺要使用哪些工具，如何操作？
6. 提梁式玉雕器皿制作工艺要使用哪些工具，如何操作？
7. 如何进行玉雕器皿打钻掏膛工艺？
8. 玉雕器皿肩耳的制作应注意哪些问题？
9. 玉雕器皿的足有哪些种类？
10. 玉雕器皿制口中“母口”与“子口”的制作工艺要点是什么？
11. 阐述玉炉的制作工艺步骤和工艺要求。

第八章 玉石圆球及圆珠制作技术

圆球及圆珠是一类特殊的玉雕产品，其形状为几何球体。圆球及圆珠的区别只在于直径的大小，直径在20毫米以上者称为圆球，直径在20毫米以下者称为圆珠。

圆球和圆珠的制作工艺原理是相同的。

在实际生产中，制作圆球多采用单件生产方式，制作圆珠多采用批量生产方式。因而两者所使用的设备是不相同的。

直径在40～300毫米的玉石圆球是很好的室内陈设品。将坚硬的玉石制成完美的几何球体并抛光至闪闪发光的程度，这是令人惊讶和赞叹不已的。欧美人士常以各种玉石球作为室内装饰。直径在20～40毫米的玉球，常用作健身球及各种镶嵌装饰品。直径在2～20毫米的玉圆珠，经打孔后，可穿串成款式多样的玉石珠串。珠串是玉首饰类产品中最大宗的产品，有着极为广阔的市场。

制作玉石圆球和圆珠是一种看起来容易，做起来有一定难度的工艺技术。这技术难度来自三个方面：一是玉石材料的形状，大小有很大的差别，在实际生产中如何将这些差别很大的玉石料加工成待用的坯料，确实是令人伤脑筋。二是玉石材料的质地并不均匀，裂纹、暗绺、杂质、脏色常无规律地分布在玉料之中。这些影响产品质的瑕疵应当在开料过程中随时剔除。这种随机性的工作方式也会造成制作上的难度。三是圆球及圆珠的制作乃是一种经营性的生产，不仅要求所生产的圆球和圆珠符合一定的质量要求（圆度、直径大小、抛光后的亮度、色泽等），而且要有较低的耗料和工时等制作成本。如果工艺方法选择不当，制作同样规格的玉球就已然不易了，更不待说是大批量生产某种规格的玉石圆珠了。

制作玉石圆球和圆珠虽然有一定的难度，但只要掌握其制作工艺原理，运用某些机械加工的原则，正确地划分工序，制定严格的工艺流程，就能够生产出令人满意的产品来。

第一节 工艺原理

玉石圆球及圆珠的制作，是从坯料的制作开始的。

一、敲击法

在我国许多地区，制作圆球坯或圆珠坯是采用敲击法——即将大块的玉石料用铁锤击碎，而用小铁锤将小块玉料的突起部位敲掉，使之成为不规则的多面体。然后再用砂轮进行磨角、磨棱修整成坯珠。在敲击和用砂轮修整时，是凭操作者主观感觉和眼力，主观上认为那里高就去那里。这种以主观感觉为指导，随高就低的加工方法是非常落后的。从实践上看，这种加工方法虽然貌似简便，但却存在许多致命的缺陷：一是原料利用率极低。在将大块玉石料击碎，然后又将小块玉料敲击成近似圆形的过程中，宝贵的玉石原料被浪费掉了，而且，坯珠的规格也难于保证。二是坯珠的质量很差。因为玉石料被敲击的过程中，玉石料不仅会沿原有的裂纹裂开，而且在被铁锤敲击处形成向四周放射状的新裂、绺。这些新生的裂、绺是坯料致命的缺陷。在其后的磨制过程中，这些暗绺会不断地扩大，可造成高达40%～70%的废品率，坯珠的出活率极低。因此，用敲击法生产坯珠的生产方式应当废除。在市场经济的今天这种工艺已成历史。就是在过去也只有量大不值钱的玉料下，才会发生。

二、切方法

“先方后圆，逐渐逼近”是生产玉石圆球坯及圆珠坯的正确方法。

所谓“先方后圆”，是指制作圆球形的坯体应先从正方体开始。“方”是制作圆球及圆珠的关键。从几何学可知，在一个正方形内可作一个内切圆，在一个正方体内可作一个内切球。这个内切圆和内切球的直径和正方体的边长相等。因此将玉石料切成正方体，其意义不仅仅是保证圆度，控制公差，而且将坯体的加工余量控制在最小的范围。这样做可节省时力，有利于提高劳动生产率。

所谓“逐渐逼近”，是说将正方体的玉料加工成圆球体，应当是一种有规律地“逐渐逼近”球体的过程。绝不是凭制作者的主观感觉，在那里做随高就低的加工。“逐渐逼近”包括了两个工艺步骤——倒角和倒棱。

倒角是将正方体玉料的8个角磨去（或锯去），使之成为对称的14面体。

倒棱将14面体上棱线磨去，就可以获得近乎球形的粗坯。

在此基础上，可以用磨圆的方法将坯珠磨圆。

当然，在制作小圆珠时，倒角后，即可开始磨圆。在制作大圆球时，倒棱是必要的工序。

此外，制作圆珠，也可以用以钻料取芯法先制出圆柱形的粗坯，然后再磨去两端余料，便可获得坯珠。

第二节 玉石圆球制作工艺

玉石圆球因体积较大，故都是单件磨制而成。

其制作流程为：选料——切方块——切角——倒棱（原来的 12 条边）——磨圆——圆球成形——细磨——精磨——抛光。

一、选 料

选料就是要选择无裂、无绺的玉料，如采用有裂、绺的玉料制球，可能会功败垂成、前功尽弃。因为玉石圆球的体积较大，表面光洁，裂纹、暗绺、杂质、杂色等瑕疵在完工后的圆球上将一览无遗，也没有什么方法可以对瑕疵进行掩饰。选择的透明玉料更困难些，因为深藏在材料内部的瑕疵终究会在抛光之后呈现。因此，在动手制作之前，将打湿后的玉料放置在强光之下，用放大镜仔细观察，确实是必不可少而又值得一做的事。先看有无裂、绺、杂质，确立锯割方案和估计圆球之大小，后看玉料颜色属于何种档次，决定用、弃和排料部位。不然，将精力用在品质不良的玉料之上，将来又不免全功尽弃，殊为可惜。

暗绺的存在很难用眼觉察。为此，可将玉料放在水中或油中浸泡数小时。如用水，在拭干后的玉料表面上，有异色线状，并有水自玉石渗出，则表明此处为暗绺处。如用油，则用清洗剂洗净表面，并于1小时后观察玉石表面，如有油冒出则为暗绺之处。

二、切方块

切方块就是将玉料锯成正方体。通常将玉料在有制尺的开料机上作两次平行切割，即可获得正方体形的坯料。如玉料不可能作上述加工，只好一面一面地锯来，直至正方体制成为止。其具体方法如下：

（1）找基准面：即第一锯沿玉料的大裂纹或大暗绺切开。所获的第一个平面是基准面。

（2）整形：将基准面朝下，按正方体的高度锯割第二锯。可获得两个相互垂直的平面。

只有在此基准线确定的情况下才能将其余 4 个面确定下来。

三、切 角

切角就是将正方体玉料的 8 个角锯去。为了准确起见，可先制一硬纸质模板。

模板坯料为正方形，其大小应和正方体玉料的最小面相等。然后以对角线交点为圆口，作一内切圆，此圆即代表圆球的正投影。在对角线上分别作与圆相切以直线，并依线剪去四角，即制成八边形状的模板。

用模板在玉料上画出待切余料位置。用铊子沿线外将余料切去，则可得14面体。

为了锯料方便，可以导板帮助，其工作方式见图8－1。

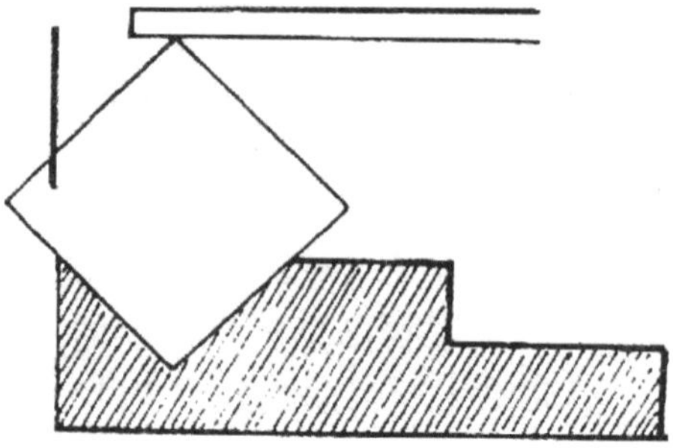

图8－1　模板和导板锯料示意图

四、倒　棱

倒棱就是将原正方体残余的12条边锯去。为了准确起见，可用模板帮助画线。所画之线应注意保护。然后用铡铊将12块长条状的余料去掉。这样可获得26面体。

五、磨　圆

磨圆就是用砂轮依次将26面体的棱全部磨去，则可获得初具圆球状的初坯。磨时应有规律地磨去每一条棱，并防止亏料。

磨圆用的砂轮应当选用大口径的砂轮为宜。

六、圆球成形

圆球成形应使用圆球雕磨器。在旋转中可很快地磨成圆球形。

圆球雕磨器的主要部分是两截圆管。圆管的直径为圆球随径的2/3至3/4大，旋转速度为每分钟150～500转，球体直径越大，转速应越低些。圆管可在铁管管口处用车床削成45°角即可。

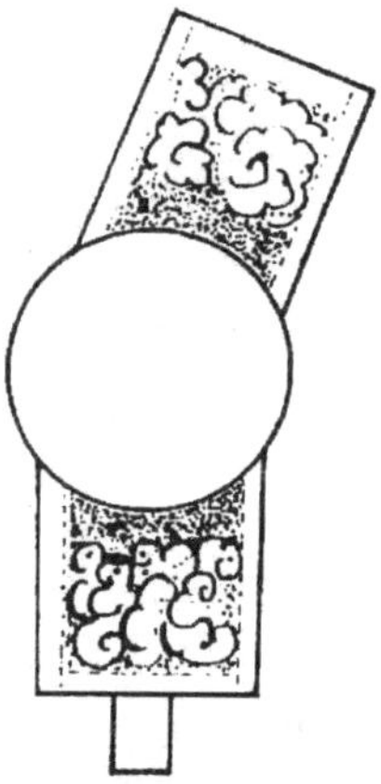

图8－2　圆球雕磨器示意图

七、细　磨

细磨仍用上述设备。开机后，切勿让圆球在一个位置转动数秒钟之久——因为这样会在坯料上出现圆形深沟。因此，细磨除采用较细的金钢砂或碳化硅外，应保证圆球坯不停地换位置转动。用作记号的方法来检查细磨是否均匀。

八、精　磨

精磨是用极细的磨料将玉球表面磨细，为抛光作业作准备。

九、抛 光

抛光可仍用上述设备，改加抛光剂进行。也可以用曲率与圆球相近的抛光轮进行抛光。

第三节 玉石圆珠制作工艺技术

玉石圆珠是成批量生产的，故一般采用流水作业的方式进行。

其工艺流程为：选料——切片——切条——切方块——倒角去棱——粗磨成形——细磨定形一精磨——抛光——打孔。

一般按工艺流程设立工序。

一、选 料

1. 使用设备

大切台或大开料机。

2. 工序加工目的

有时玉料的块头很大、形状不一，因而需要加工成至少有两个锯平面的玉料坯，以便于下道工序使用。切割时，要根据玉料的材质、形状、绺裂、纹理和用途来确定下锯方案，使玉料有一个最有经济效益的方案。

此工序所切出的玉料块不能过小，理由是大切台所用锯片较厚，用大切台去切割能用小切台可切开的玉料，因锯口耗料过大是很不经济的。小切台能切开的厚度为130mm，所以坯料的厚度应以此为度。

3. 操作要点

（1）检查锯片安装是否牢固，锯口是否周正。

（2）检查冷却水的供给是否正常，给水点是否正好在切割点上。

（3）检查切台的动臂的配重是否合理。如果动臂前端过重，固然可加快切料速度，但由于锯片处于承重位置，会因超重而变形，造成“跑锯”，影响切料质量。如果动臂前端较轻，会出现切料迟缓的现象。上述两种现象都可以用悬挂重物的方法加以解决。

（4）注意动臂中部有一个可调整的顶丝，调整它可以使锯片正好处于既能将料切开，但又不损伤承重平台的位置。

（5）选择一个较好的切料位置。即选择一个能搁放平稳的面当底，以保证切割的材料不会移动。还要求沿材料的最大裂纹切开。调整切台的夹板和进给装置可以得到确切的开切点。

（6）先给水、后开机。

（7）第一锯切开后，要根据材质的优劣及有关规定，决定材料的用途和以后的开料方案。“宜大不宜小，宜长不宜厚”是这一阶段必须遵守的工艺原则。

4. 质量要求

被切割面应当是光洁平整的。其大小应当以小切台所能加工的最大限度为宜。相邻的两个面应当是垂直的。

二、切片工序

1. 使用设备

带水平和纵向进给装置的小切台。

2. 工序加工目的

根据所制圆珠大小，切出符合规定厚度的片状坯料。一般情况，做直径为10mm的圆珠，可切成厚度为12mm厚的片状坯料。

3. 操作要点

除与前工序相同外，还应注意如下几点：

（1）选择最佳的卡料位置。即选择一个光洁平整的面当底，另一个面应当与锯片平行，并能用最少的次数将料切完，同时又要避免片状料在厚度上带有较大的裂纹。

“宜长不宜短”，是开片状料必须遵守的原则。

（2）对刀是使切片质量达标的关键。第一次对刀时要使锯片与材料的一个切割平面相平行。计算厚度时不仅要扣除锯口损耗，还要为以后的加工留有加工余量。

珠的标准值是ϕ4、ϕ6、ϕ8、ϕ10、ϕ12mm，能打孔的公差范围为±0.2mm。由于加工过程必定存在损耗，为此就要留出适当的加工余量。据有关资料，最理想的加工余量为1mm，我们不妨确定为2mm。就是说要生产直径10mm的圆珠，应先切出厚度为12mm的片状料来。

只要对刀准确，卡具不松动，切片的质量是完全可以保证的。

（3）当发现切片厚度不一时，要从卡具是否松动、对刀是否准确、锯片是否变形、设备上的配重是否合理等方面去找原因。

4. 质量要求

切片的薄厚要均匀一致，符合规定的数据，加工面光洁，并以长条形的片状料为最佳。

三、切条、切块工序

1. 使用设备

切条切块机。此机与普通电锯相仿，只是带有冷却水箱。调整制尺与锯片的距离可决定切条或切方规格的大小。

2. 工序加工目的

先将片状板料加工成横截面为正方形的长条料。然后将长条料加工成正方体。

3. 操作要点

（1）检查锯片的安装是否牢固，锯片是否周正，水箱中的冷却水是否加足。如果锯片与切台相碰，应调整机架上的固定螺丝。

（2）对好制尺。即让制尺与锯片平行，锯片与制尺的间距等于片状料的厚度。把握这一点极为重要，这是保证圆珠圆度的重要步骤。由于生产过程中必定存在公差，使所切出的片状料事实上存在厚薄不均。在切条前将片状料准确分类，按类别分机台加工，是必须严格执行的。不能光按生产指令，而不考虑片状料的实际厚度来对制尺。

（3）切条时应尽可能地沿片状料的最大长度切割，这样便于切方。

（4）操作时要用力均匀，两手平动、一端紧靠制尺。如遇见裂纹，要及时将其切除。

（5）加工过程中，冷却水的损失较多，要及时补水。

4. 质量要求

条状料的宽度与厚度要相等。切方要保证都是正方体。操作者要懂得：生产出公差大于生产指令的正方体形坯料，不能算是毛病，只有切出的坯料不是正方体时，才是质量问题，会造成经济损失。

四、倒角去棱工序

1. 使用设备

倒角机。

倒角机的功能就是在充分地滚动中，用砂盘将正方体的 8 个角，1 2 条棱磨掉，得到一个个近似于球体的坯珠。如果我们投入的坯料不是正方体，而是长方体，就不可能得到近似于球体的坯珠。

倒角机的功能是靠平卧的砂轮，在高速旋转中完成磨削的。搅拌的功能是靠拨铲和旋转的砂轮共同完成的。坯料在高速旋转的砂轮上，会因离心力的作用甩到桶壁四周。而拨铲又将其拦赶到砂盘的中央。坯料又因离心力的作用而甩到桶壁四周，如此重复就达到充分搅拌、充分磨削的目的。

2. 工序加工目的

将正方体形的坯料滚磨成近似于球体的坯珠。

3. 操作要点

（1）调整好拨铲的角度和高度，并固定好。拨铲的一侧要紧贴桶壁，其平面要和砂盘的旋转方向成钝角。其下端要离砂盘约 23mm。

（2）从顶部加入正方体形的坯料，每次约 3kg 左右。

（3）锁紧顶盖，导入冷却水。

（4）工作时间以坯珠倒角的程度来确定，一般将正方体的坯料加工成近似为球状时即可停机。

4. 质量要求

坯料加工成近似为球体时为合格品，有残缺、破损或鸭梨状的为不合格品。

造成残缺、破损是因为材料带有裂纹引起的，而鸭梨状是因为坯料不是正方体造成的。这道工序原则上只存在加工时间长短的问题。当然，搅拌不充分时（如拨铲松动，没处于合理位置、或没有拨铲）则可以造成倒角不圆的质量问题。

五、粗磨成形工序

1. 使用设备

砂轮盘圆珠机，其工作原理可从手搓肉丸的方法来感知。圆珠机的砂盘和上面的压盘是反向旋转的，由于摩擦力的作用，不圆的坯珠将在钢网中作任意方向的旋转运动。磨削功能主要是靠砂轮来完成的。但坯珠是否能圆却决定其能否作任意的旋转运动。旋转运动和砂轮的磨削，使不圆的坯珠逐渐圆起来。

2. 加工目的

使不圆的坯珠加工成基本上很圆的坯珠。

3. 操作要点

（1）选择规格大体一致的坯珠，是保证加工质量的关键。

（2）选择孔径略大于坯珠24mm的钢网，使坯珠能在其中作任意方向的转动。

（3）钢网与砂盘应当是平行的，工作时钢网应和砂盘离开。钢网应当牢牢地固定好，因螺纹有间隙，在拧紧螺丝之后还要校正砂盘与钢网的平行关系。然后调整砂盘的升降装置使坯珠略高于钢网2mm左右，并固定好。

（4）调整好压盘的压力。开始磨时，压力不能大，以免影响坯珠的旋转，造成不圆或蹦珠。

（5）砂盘的损耗是不可避免的。其损耗表现在两个方面：一是在砂盘上形成一道道圆槽。二是：砂盘的外圈磨损比内圈快（原因在于角速度相同而内外圈的线速度不同，外圈的线速度大，圆珠磨得快、内圈线速度小，圆珠磨得慢）。校正办法是：频繁地更换不同的钢网，即改变珠子研磨轨道，从而控制圆槽的出现。要控制内外圈的磨损速度，可以用分次检珠，或空位不放珠的办法。总之，使砂盘处于较平坦的状态，是提高合格率，保证圆度的重要措施。

（6）锁紧砂盘升降器和上压力盘，给冷却水，即可开机。工作时间由实验来确定。

（7）为了降低钢网的损耗，应使用换向电源开关，使压盘和砂盘能同时改变旋转方向。

4. 质量要求

坯珠表面无大缺陷，呈可视圆度。

六、细磨圆工序

1. 使用设备

铸铁盘圆珠机，与粗磨时使用的砂轮盘圆珠机相同，只是砂轮盘改用铸铁盘，研磨功能由金刚砂来完成。

2. **工序加工目的**

使坯珠更加圆、表面更加光洁细腻，并符合规格要求。

3. **操作要点**

与粗磨圆相同。只是要随时加入金刚砂和水。要注意金刚砂的回收和重复使用。

另外，细磨的时间要略长于粗磨，因珠子的圆度主要靠这道工序完成。采用这种加工程序可降低加工的损耗率。

4. **质量要求**

圆度更加精确，表面无残缺符合预定的规格要求，即符合 ф4、ф6、ф8、ф10、ф12mm，其公差 ±0.2mm。

七、精磨圆工序

1. **使用设备**

使用铸铁盘圆珠机。

2. **工序加工目的**

使圆珠的表面达到精细的程度。

3. **操作要点**

操作方法基本上与细磨圆工序相同。只是要分几次研磨，每次都采用越来越细的金刚砂。要注意每次使用的金刚砂都要按规格进行分类回收，切不可混合，破坏精磨质量。

冷却水的用量要小些，以金刚砂不被冲掉为宜。

4. **质量要求**

表面相当细腻，干燥时有微亮，湿润时则有相当的亮度。

八、磨砂工序

1. **使用设备**

震桶。

珠子与抛光剂——玛瑙料碴及微量白泥浆在震桶中作频率很高的震动和较慢的上下翻滚的运动。由于它们之间的磨擦，珠子的表面开始出现光泽。经过较长时间的搓磨，珠子的表面可达相当的亮度。

2. **工序加工目的**

抛光前的去糙。

3. **操作要点**

玛瑙碴的大小要适当（如花生大小）并要经过加工，使其没有锋利的棱角。新玛瑙碴放在震桶中震抖几天即可。

（1）玛瑙碴与珠子的配比为 1∶3。白泥浆适量。

（2）震桶的盛放量不影响抛光速度，一般以放至震桶容量的 4/5 以下为宜。

（3）震动时间由实验确定，珠子表面乌亮即可。

4. **质量要求**

珠子表面乌亮，无麻坑。

九、抛光工序

1. **使用设备**

抛光机。将乌亮状态的圆珠放在抛光机的电木网孔中（每孔一粒），盖上附有橡胶层的铸铁盖板。涂上抛光粉浆。开机后，位于圆珠下面的橡胶转盘开始转动。圆珠因摩擦力而转动，在转动中被抛光粉浆抛光。

2. **工序加工目的**

抛光。

3. **操作要点**

（1）抛光粉浆应为糊状，水不宜多。因抛光过程需要一定的温度。水太多时，抛光粉浆不会因摩擦而干燥，从而影响抛光效果。

（2）用来抛光的圆珠，应当规格一致。规格大小不同的圆珠放在一起抛光，被抛光的，只有大圆珠，小圆珠常出现抛光不匀的现象。

十、打孔工序

1. **使用设备**

超声波打孔机。

超声波是频率高于20000Hz的声波。超声波打孔机由三部分构成。一是超声波发生器，它可以输出功率较大的超声波源。二是换能器，能将超声波转化成频率相同的机械振能。三是工作部分——针管，它在机械振能的驱使下，带动金刚砂磨擦，将珠子打孔。由于超声波的频率很高，振幅极小，以致肉眼难看出变幅杆在上下运动。用手指摸时有丝绸感则说明起振了。打孔的深度是由升降台操纵的。打完孔管心将自行振出。

2. **工序加工目的**

打孔。

3. **操作要点**

（1）开启总电源开关，散热风扇即开始工作。开启分开关，超声波发生器开始工作。循环水泵则由脚踏开关控制。

（2）先调频率。右旋控制钮，可见频率表指针大幅度右摆，并听见很细，很尖锐的“吱吱”声，说明机器已经起振。待起振后，左旋控制钮，指示针逐渐回摆，待停止时（不是指示在零刻度上）即可（有一种表头，指针停在黄区即可）。

（3）调功率。指示表示数最大为30安培，工作电流调在2～3安培时即可。调整工作电流的大小，常和针管的长短有关。针管长时，工作电流要调小些，以免其工作时不稳，针管使用短些后，可加大工作电流。

打孔速度与工作电流的大小成正比。

（4）调整深度计，可以控制打孔深度。深度计可以随时反映打孔的实际深度。

（5）每台打孔机都备有一定规格的卡盘，卡盘只能分别卡直径3.8，4，4.2，5.8，6，6.2，7.8，8，8.2，9.8，10，10.2，11.8，12，12.1mm的珠子。卡盘上盖，只有4，6，8，10，12，五种，针孔直径分别为0.7mm和1mm两种，使用时一定要对号使用。卡盘上盖的作用有两个，一是固定针，二是压紧珠子。在装珠子时一定要严格分类，同一卡盘只能放一种规格的圆珠。圆珠一定要用力推入，珠子在卡盘里不能动才算合适。

（6）先将卡盘上盖与针管对好，再上盛满珠子的卡盘。将金刚砂和冷却水的喷头对准上下卡盘之间的间隙，放在定位台上，便可开机打孔了。

4. 质量要求

一般操作无误，打孔质量是不成问题。只是由于圆珠自身可能带有局部的小裂纹，在打孔将透时，如裂纹与针管垂直或斜交时，会发生局部崩裂（与针管平行时则不发生）。而在装珠时又不可能观察得很细，为此，可在打孔将透时，降低打孔时机器的工作电流，可减轻或消除圆珠崩裂现象。

复习思考题

1. 简述圆球玉石圆球制作工艺步骤和要点。
2. 简述玉石圆珠制作工艺骤和要点。

第九章　玉雕抛光工艺技术

抛光是玉雕制作的最后一道工序。玉器在制作中无论如何精雕细磨，玉件表面始终都是粗糙的，显示不出玉器晶莹剔透的美丽。抛光就是在玉器完成雕琢后，将表面的沙印、毛面磨细、磨光，使之光滑明亮，具有美感。几乎所有的玉器都需要抛光，只有经过完美抛光后的玉器，才能使玉石外表温润光洁，呈现晶莹美丽的玉质光泽，才能使玉器具有高贵的气质，才能展现玉器的真实价值。不同的原料，不同的造型，其抛光的要求也不一样。

第一节　玉器抛光的工序

抛光首先是去粗磨细，即用抛光工具除去表面的糙面，把表面磨得很细；其次是罩亮，即用抛光粉磨亮；再次是清洗，即用溶液把产品上的污垢清洗掉；最后是过油、上蜡，以增加产品的亮度和光洁度。玉器的抛光，要求使玉面平顺，以反映玉的润美。

1. 去糙工序

磨去玉器表面的粗糙表层。去糙要去净，但不能“走形”，对造型精细处的花纹等不能因去糙而变得模糊不清。

2. 罩亮工序

玉器经过去糙后，表面已经很光滑细腻。罩亮就是在玉器去糙后光滑的表面上再进行精磨，使其更细、更平、更光滑，达到强烈反光的程度。

3. 抛光工具和抛光粉

在玉器抛光中，抛光工具和抛光粉的选用均非常重要，玉器的抛光效果与抛光工具和抛光粉的选用很大关系。不同质地、硬度的玉器抛光，应选择不同质地的工具，再配以不同的抛光粉进行抛光，才能取得较好的抛光效果。

抛光工艺的去糙和罩亮设备与磨玉机一样，但转速上稍低些。去糙的工具多采用非金属材料，包括皮革、棉布、竹、木、石等。工具多是自行制作的圆轮、圆盘、圆鼓、圆棒等不同形状的胶铊、布铊、皮铊、石铊等。具体见玉雕常用工具章节。

抛光使用的抛光粉，一是适合去糙用的金刚砂，以高标号为主；二是罩亮用的绿粉、玛瑙粉和微粉等。此外抛光粉的选用也十分重要。抛光粉的正确使用见玉雕常用辅料章节。

4. 清洗工序

产品抛光后，其表面存留一些抛光粉的泥浆等污垢，需要清洗干净。清洗使用的方法有水洗、酸洗、碱洗、冷洗、热洗、酶煮洗、超声波洗等。要依材质和产品造型以及产品上的污垢特点来选定清洗方法。

5. 烫蜡、浸油和擦拭

这是产品抛光后的重要工序。

（1）烫蜡是将清洗干净的产品烤热或是上笼蒸热以后，用川蜡屑撒在表面熔化其上。

（2）浸油是将产品浸入油中文火慢煮。有时也可浸蜡，是先将蜡加热液化，再将产品浸入蜡液中温火慢煮。浸油、浸蜡少则数小时，浸蜡有时需要二十多小时。

（3）擦拭是在产品烫蜡、浸油、浸蜡后尚热（约摄氏七十至八十度）时开始擦拭。产品务必擦拭干净，待冷凝以后还要剔蜡，使油脂分布均匀和凝质不显著。擦拭用棉质巾类，以柔软吸油为好；剔蜡用竹签、柳木棍等。

烫蜡、浸油的目的是用烫蜡、浸油弥补抛光不均匀、微观不平整。蜡和油能附着在不甚光亮的微观凹洼处，产生油亮效果，显得滋润；增加产品表面的大面小面都能达到统一的光亮程度，看起来更润更美。蜡和油还能保护产品的表面免遭污染。根据玉石材料的不同，有的需要浸油，有的需要烫蜡。

第二节　玉器抛光的要求

玉器抛光是玉雕工艺品制作的最后一道工序，也是玉器加工的重要环节。需要注意的是，玉器表面的打磨程度也直接影响抛光效果。如细雕后玉器表面琢磨得非常精细和平滑，并且没有明显的坑点，抛光就非常容易。如玉器表面比较粗糙，抛光将十分困难，有时还需要重新打磨。所以抛光前玉器一定要精细琢磨，这样抛光会起到事半功倍的效果。

在对玉器抛光时需要注意以下问题：

（1）不单要熟练掌握抛光技术，还要对产品的雕琢过程、造型特点、原料性质等有较多了解，在抛光过程中选择最适当的抛光工艺。

（2）注意琢磨工艺和抛光工艺衔接，在抛光前详细查看产品，看是否有完成或未很好完成琢磨工艺的部位，在琢磨工序中尽量做细致琢磨，以免抛光工序过多地浪费工时。

（3）仔细查看产品的造型特点，确定重点保护部位，对产品的娇嫩之处采取保护措施，在抛光中尽量保持原作的神韵气质，不使产品因抛光降低艺术质量，更不能损坏产品。

（4）查看原材料特征和脏绺，在抛光中不使原材料的疵点扩大，粉尘钻入绺中，影响产品美观。

（5）加强美学修养，对产品的线条、图案、平面、弧面、棱角变化有较高的审美观，以保证在抛光中对造型有烘托，提高产品质量。

（6）在整个抛光过程中，应严守抛光工艺规程，抛光技术标准、安全操作等规章制度，保证产品质量，安全生产。

复习思考题

1. 玉器为什么要进行抛光处理？
2. 抛光工艺有哪些工序？
3. 烫蜡、浸油和擦拭时应注意哪些问题？